高职高专公共基础课系列教材

# 工程数学

主　编　邱光树　董　柯

副主编　曹瀚天　赵建华　杨曙超

参　编　马瑞宏　侬雪昀　李沁峰
张　播　邱琳方　杨　文
王　昕　侯梦娇

西安电子科技大学出版社

## 内 容 简 介

工程数学是一门广泛应用于工程领域的基础学科．本书是工程数学课程对应的教材，涵盖了线性代数、多元函数微积分、概率论和数理统计等知识，具体包括行列式、矩阵、$n$维向量与线性方程组、多元函数微分、多元函数积分、概率论、数理统计7章内容．本书旨在为读者提供工程数学的基本概念、方法和应用实例，帮助读者掌握解决实际工程问题的数学技能．

本书可作为高职高专工科类专业学生的数学课程教材，也可供相关技术人员参考使用．

**图书在版编目(CIP)数据**

工程数学／邱光树，董柯主编．--西安：西安电子科技大学出版社，2024.2
ISBN 978－7－5606－7202－1

Ⅰ．①工…　Ⅱ．①邱…　②董…　Ⅲ．①工程数学—教材　Ⅳ．①TB11

中国国家版本馆CIP数据核字(2024)第042407号

策　　划　李鹏飞　刘统军
责任编辑　曹　攀　李鹏飞
出版发行　西安电子科技大学出版社(西安市太白南路2号)
电　　话　(029)88202421　88201467　　邮　　编　710071
网　　址　www.xduph.com　　电子邮箱　xdupfxb001@163.com
经　　销　新华书店
印刷单位　广东虎彩云印刷有限公司
版　　次　2024年2月第1版　2024年2月第1次印刷
开　　本　787毫米×1092毫米　1/16　印张　11.75
字　　数　274千字
定　　价　39.00元
ISBN 978－7－5606－7202－1／TB

**XDUP 7504001－1**

＊＊＊如有印装问题可调换＊＊＊

# 前　言

本书是在云南水利水电职业学院数学课程教学改革课题研究的基础上，根据工科高职教育专业人才培养目标，依照教育部制定的高职数学课程教学的基本要求编写的. 本书以"全面提高教育教学质量，培养高素质技能型人才"为目的，以"必需、够用、会用、易学"为指导思想，以"培养学生的基本运算能力、分析问题与解决问题的能力，弱化数理论证，重视理论联系实际"为特色，在保证数学概念准确的前提下，淡化数学理论，对一些较烦琐的定理、公式及明显的结论，或者只给出结论，或者以几何直观图形予以说明，降低了学生学习的难度，提高了内容的可读性.

本书涵盖了线性代数、多元函数微积分、概率论和数理统计等知识，分为行列式、矩阵、$n$ 维向量与线性方程组、多元函数微分、多元函数积分、概率论和数理统计 7 章，各院校在使用时可根据实际情况，决定内容的取舍.

邱光树、董柯担任本书主编，曹瀚天、赵建华、杨曙超担任副主编，马瑞宏、依雪昀、李沁峰、张璠、邱琳方、杨文、王昕、侯梦娇参与了本书的编写工作.

本书的编写得到了学校各级领导和各部门的支持，在此向他们表示衷心的感谢. 同时，编者在编写本书的过程中参考、借鉴了国内外许多同类教材和著作，在此，特向这些教材和著作的作者表示衷心的感谢.

由于编者水平有限，书中难免存在不妥之处，恳请广大读者批评指正，以便修订时更正.

编　者

2023 年 11 月

# 前　言

本书是在云南水利水电职业学院数学课程教学改革课题研究的基础上，根据工科高职教育专业人才培养目标，依照教育部制定的高职数学课程教学的基本要求编写的. 本书以“全面提高教育教学质量，培养高素质技能型人才”为目的，以“必需、够用、会用、易学”为指导思想，以“培养学生的基本运算能力、分析问题与解决问题的能力，弱化数理论证，重视理论联系实际”为特色，在保证数学概念准确的前提下，淡化数学理论，对一些较烦琐的定理、公式及明显的结论，或者只给出结论，或者以几何直观图形予以说明，降低了学生学习的难度，提高了内容的可读性.

本书涵盖了线性代数、多元函数微积分、概率论和数理统计等知识，分为行列式、矩阵、$n$ 维向量与线性方程组、多元函数微分、多元函数积分、概率论和数理统计 7 章，各院校在使用时可根据实际情况，决定内容的取舍.

邱光树、董柯担任本书主编，曹瀚天、赵建华、杨曙超担任副主编，马瑞宏、依雪昀、李沁峰、张璠、邱琳方、杨文、王昕、侯梦娇参与了本书的编写工作.

本书的编写得到了学校各级领导和各部门的支持，在此向他们表示衷心的感谢. 同时，编者在编写本书的过程中参考、借鉴了国内外许多同类教材和著作，在此，特向这些教材和著作的作者表示衷心的感谢.

由于编者水平有限，书中难免存在不妥之处，恳请广大读者批评指正，以便修订时更正.

编　者

2023 年 11 月

# 目　录

# 第 1 章

# 行 列 式

# 第1节 行列式的定义

行列式这一概念是如何形成的呢？下面我们从解二元一次和三元一次线性方程组入手，依次引入二阶行列式、三阶行列式和 $n$ 阶行列式.

## 一、二阶行列式

在初等代数中我们解过二元一次方程组

$$\begin{cases} a_{11}x_1+a_{12}x_2=b_1 \\ a_{21}x_1+a_{22}x_2=b_2 \end{cases} \tag{1.1}$$

当 $a_{11}a_{22}-a_{12}a_{21}\neq 0$ 时，方程组有唯一解：

$$\begin{cases} x_1=\dfrac{b_1a_{22}-b_2a_{12}}{a_{11}a_{22}-a_{12}a_{21}} \\ x_2=\dfrac{b_2a_{11}-b_1a_{21}}{a_{11}a_{22}-a_{12}a_{21}} \end{cases}$$

对于线性方程组(1.1)，分别记

$$D=\begin{vmatrix} a_{11} & a_{12} \\ a_{21} & a_{22} \end{vmatrix}=a_{11}a_{22}-a_{12}a_{21}$$

$$D_1=\begin{vmatrix} b_1 & a_{12} \\ b_2 & a_{22} \end{vmatrix}=b_1a_{22}-b_2a_{12}$$

$$D_2=\begin{vmatrix} a_{11} & b_1 \\ a_{21} & b_2 \end{vmatrix}=b_2a_{11}-b_1a_{21}$$

于是方程组(1.1)的解可表示为

$$\begin{cases} x_1=\dfrac{D_1}{D} \\ x_2=\dfrac{D_2}{D} \end{cases}$$

**定义 1.1** 我们把式子 $\begin{vmatrix} a_{11} & a_{12} \\ a_{21} & a_{22} \end{vmatrix}$ 叫作二阶行列式，其中的数 $a_{ij}(i=1, 2; j=1, 2)$ 称为该行列式的元素，每个横排称为行列式的行，每个竖排称为行列式的列. $a_{ij}(i=1, 2; j=1, 2)$ 就是从上到下第 $i$ 行，从左到右第 $j$ 列的元素.

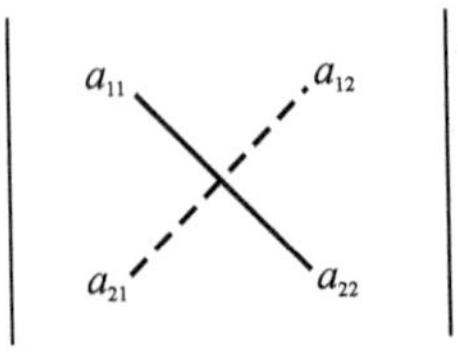


图 1.1

在二阶行列式中，用实线将 $a_{11}$、$a_{22}$ 连接，用虚线将 $a_{21}$、$a_{12}$ 连接(如图 1.1 所示)，实连接线称为主对角线，虚连接线称为次对角线(或副对角线)，则二阶行列式等于主对角线上两元素的乘积减去次对角线上两元素的乘积(这样的记忆方式称为对角线法则)，即

$$\begin{vmatrix} a_{11} & a_{12} \\ a_{21} & a_{22} \end{vmatrix} = a_{11}a_{22} - a_{12}a_{21}$$

**例 1.1**　计算下列二阶行列式.

(1) $\begin{vmatrix} 2 & 5 \\ -7 & -3 \end{vmatrix}$；(2) $\begin{vmatrix} \lambda & 3 \\ 4 & -3 \end{vmatrix}$.

**解**　(1)

$$\begin{vmatrix} 2 & 5 \\ -7 & -3 \end{vmatrix} = 2\times(-3) - 5\times(-7) = -6+35 = 29$$

(2)

$$\begin{vmatrix} \lambda & 3 \\ 4 & -3 \end{vmatrix} = \lambda\times(-3) - 3\times 4 = -3\lambda - 12$$

## 二、三阶行列式

类似地，对于三元一次方程组

$$\begin{cases} a_{11}x_1 + a_{12}x_2 + a_{13}x_3 = b_1 \\ a_{21}x_1 + a_{22}x_2 + a_{23}x_3 = b_2 \\ a_{31}x_1 + a_{32}x_2 + a_{33}x_3 = b_3 \end{cases} \tag{1.2}$$

当 $a_{11}a_{22}a_{33} + a_{12}a_{23}a_{31} + a_{13}a_{21}a_{32} - a_{11}a_{23}a_{32} - a_{12}a_{21}a_{33} - a_{13}a_{22}a_{31} \neq 0$ 时，方程组有唯一解：

$$\begin{cases} x_1 = \dfrac{b_1a_{22}a_{33} + b_3a_{12}a_{23} + b_2a_{13}a_{32} - b_1a_{23}a_{32} - b_2a_{12}a_{33} - b_3a_{22}a_{13}}{a_{11}a_{22}a_{33} + a_{12}a_{23}a_{31} + a_{13}a_{21}a_{32} - a_{11}a_{23}a_{32} - a_{12}a_{21}a_{33} - a_{13}a_{22}a_{31}} \\ x_2 = \dfrac{b_2a_{11}a_{33} + b_1a_{31}a_{23} + b_3a_{13}a_{21} - b_3a_{11}a_{23} - b_1a_{21}a_{33} - b_2a_{31}a_{13}}{a_{11}a_{22}a_{33} + a_{12}a_{23}a_{31} + a_{13}a_{21}a_{32} - a_{11}a_{23}a_{32} - a_{12}a_{21}a_{33} - a_{13}a_{22}a_{31}} \\ x_3 = \dfrac{b_3a_{11}a_{22} + b_2a_{12}a_{31} + b_1a_{21}a_{32} - b_2a_{11}a_{32} - b_1a_{22}a_{31} - b_3a_{12}a_{21}}{a_{11}a_{22}a_{33} + a_{12}a_{23}a_{31} + a_{13}a_{21}a_{32} - a_{11}a_{23}a_{32} - a_{12}a_{21}a_{33} - a_{13}a_{22}a_{31}} \end{cases}$$

对于线性方程组(1.2)，分别记

$$D = \begin{vmatrix} a_{11} & a_{12} & a_{13} \\ a_{21} & a_{22} & a_{23} \\ a_{31} & a_{32} & a_{33} \end{vmatrix} = a_{11}a_{22}a_{33} + a_{12}a_{23}a_{31} + a_{13}a_{21}a_{32} - a_{11}a_{23}a_{32} - a_{12}a_{21}a_{33} - a_{13}a_{22}a_{31}$$

$$D_1 = \begin{vmatrix} b_1 & a_{12} & a_{13} \\ b_2 & a_{22} & a_{23} \\ b_3 & a_{32} & a_{33} \end{vmatrix} = b_1a_{22}a_{33} + b_3a_{12}a_{23} + b_2a_{13}a_{32} - b_1a_{23}a_{32} - b_2a_{12}a_{33} - b_3a_{22}a_{13}$$

$$D_2=\begin{vmatrix} a_{11} & b_1 & a_{13} \\ a_{21} & b_2 & a_{23} \\ a_{31} & b_3 & a_{33} \end{vmatrix}=b_2a_{11}a_{33}+b_1a_{31}a_{23}+b_3a_{13}a_{21}-b_3a_{11}a_{23}-b_1a_{21}a_{33}-b_2a_{31}a_{13}$$

$$D_3=\begin{vmatrix} a_{11} & a_{12} & b_1 \\ a_{21} & a_{22} & b_2 \\ a_{31} & a_{32} & b_3 \end{vmatrix}=b_3a_{11}a_{22}+b_2a_{12}a_{31}+b_1a_{21}a_{32}-b_2a_{11}a_{32}-b_1a_{22}a_{31}-b_3a_{12}a_{21}$$

则在 $D\neq 0$ 的情形下，线性方程组(1.2)的解可表示为

$$\begin{cases} x_1=\dfrac{D_1}{D} \\ x_2=\dfrac{D_2}{D} \\ x_3=\dfrac{D_3}{D} \end{cases}$$

**定义 1.2** 我们把式子 $\begin{vmatrix} a_{11} & a_{12} & a_{13} \\ a_{21} & a_{22} & a_{23} \\ a_{31} & a_{32} & a_{33} \end{vmatrix}$ 叫作三阶行列式，其中的数 $a_{ij}=(i=1, 2, 3; j=1, 2, 3)$ 称为该行列式的元素.

对于

$$\begin{vmatrix} a_{11} & a_{12} & a_{13} \\ a_{21} & a_{22} & a_{23} \\ a_{31} & a_{32} & a_{33} \end{vmatrix}=a_{11}a_{22}a_{33}+a_{12}a_{23}a_{31}+a_{13}a_{21}a_{32}-a_{11}a_{23}a_{32}-a_{12}a_{21}a_{33}-a_{13}a_{22}a_{31}$$

等号右端称为三阶行列式的展开式. 展开式一共有 6 项，3 项为正，3 项为负，每项均由位于不同行不同列的三个元素相乘得到. 展开式可通过对角线法则记忆，如图 1.2 所示，其中三条实线(主对角线)所连三个元素的乘积为正项，三条虚线(次对角线或副对角线)所连三个元素的乘积为负项. 三阶行列式的展开式，也可以按如图 1.3 所示的方法记忆，图 1.3 所示的对角线法则又称为沙路法则.

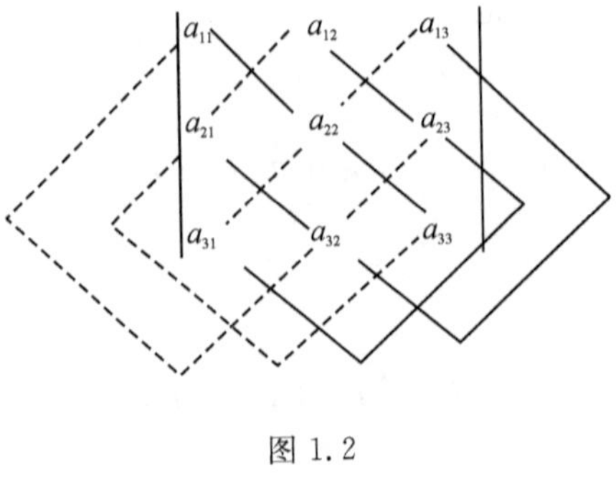


图 1.2

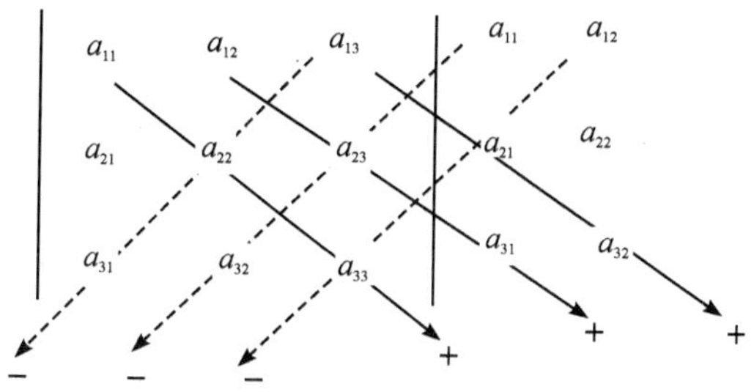


图 1.3

**例 1.2** 求三阶行列式$\begin{vmatrix} 2 & -1 & 3 \\ 1 & 4 & 1 \\ 7 & -6 & 5 \end{vmatrix}$的值.

**解**

$$\begin{vmatrix} 2 & -1 & 3 \\ 1 & 4 & 1 \\ 7 & -6 & 5 \end{vmatrix} = 2\times4\times5+(-1)\times1\times7+3\times1\times(-6)-2\times1\times(-6)-$$

$$(-1)\times1\times5-3\times4\times7$$

$$=40-7-18+12+5-84=-52$$

**例 1.3** 求解方程:

$$\begin{vmatrix} 1 & 1 & 1 \\ 2 & 3 & x \\ 4 & 9 & x^2 \end{vmatrix} = 0$$

**解** 因为

$$\begin{vmatrix} 1 & 1 & 1 \\ 2 & 3 & x \\ 4 & 9 & x^2 \end{vmatrix} = 3x^2+4x+18-9x-2x^2-12=x^2-5x+6$$

所以

$$x^2-5x+6=0$$

因此方程的解为

$$\begin{cases} x_1 = 2 \\ x_2 = 3 \end{cases}$$

## 三、*n* 阶行列式

根据二阶和三阶行列式的定义，我们给出 $n$ 阶行列式的定义.

**定义 1.3** 将 $n^2$ 个数排成 $n$ 行 $n$ 列数表，并在左、右两边各加一竖线，记为 $D_n$ 或 $D$，即

$$D_n=\begin{vmatrix} a_{11} & a_{12} & \cdots & a_{1n} \\ a_{21} & a_{22} & \cdots & a_{2n} \\ \vdots & \vdots & & \vdots \\ a_{n1} & a_{n2} & \cdots & a_{nn} \end{vmatrix}$$

称为 $n$ 阶行列式.

规定行列式展开式的每一项为行列式中不同行不同列的 $n$ 个元素之积. 展开式共有 $n!$ 项，每一项的符号可用逆序数的奇偶性来判定，在此不一一赘述. 为了使读者便于掌握，我们用代数余子式法来展开三阶以上的行列式.

**注** (1) 由 $1^2=1$ 个元素构成的行列式称为一阶行列式，即 $|a_{11}|=a_{11}$；

(2) 对角线法则只适用于二、三阶行列式.

## 四、余子式与代数余子式

**定义 1.4** 将 $n$ 阶行列式元素 $a_{ij}$ 所在的第 $i$ 行和第 $j$ 列的元素去掉，余下的 $(n-1)^2$ 个元素组成的行列式叫作元素 $a_{ij}$ 的余子式，记作 $M_{ij}$. 将 $A_{ij}=(-1)^{i+j}M_{ij}$ 称为元素 $a_{ij}$ 的代数余子式.

例如，行列式 $\begin{vmatrix} a_{11} & a_{12} & a_{13} \\ a_{21} & a_{22} & a_{23} \\ a_{31} & a_{32} & a_{33} \end{vmatrix}$ 中元素 $a_{23}$ 的余子式为 $M_{23}=\begin{vmatrix} a_{11} & a_{12} \\ a_{31} & a_{32} \end{vmatrix}$，代数余子式为

$A_{23}=(-1)^{2+3}M_{23}=(-1)^5\begin{vmatrix} a_{11} & a_{12} \\ a_{31} & a_{32} \end{vmatrix}$.

**定理 1.1** $n$ 阶行列式 $D_n$ 等于它的任一行(列)元素与其对应的代数余子式乘积之和，即

$$D_n=\begin{vmatrix} a_{11} & a_{12} & \cdots & a_{1n} \\ a_{21} & a_{22} & \cdots & a_{2n} \\ \vdots & \vdots & & \vdots \\ a_{n1} & a_{n2} & \cdots & a_{nn} \end{vmatrix}$$

可以按第 $i$ 行展开为

$$D_n=a_{i1}A_{i1}+a_{i2}A_{i2}+\cdots+a_{in}A_{in}$$

也可以按第 $j$ 列展开为

$$D_n=a_{1j}A_{1j}+a_{2j}A_{2j}+\cdots+a_{nj}A_{nj}$$

**注** (1) 利用此定理，可将行列式根据任一行(列)展开. 该选用哪一行(列)来展开，可考虑哪一行(列)的零元素较多，就用相应的那一行(列).

(2) 四阶及以上行列式可用此定理降阶为三阶行列式，再用对角线法则展开.

**例 1.4** 已知行列式

$$D=\begin{vmatrix}2&0&0&0\\1&3&2&-1\\2&0&2&1\\3&0&1&-2\end{vmatrix}$$

求余子式 $M_{21}$ 和代数余子式 $A_{32}$，并按第 2 列展开计算行列式 $D$.

**解**

$$M_{21}=\begin{vmatrix}0&0&0\\0&2&1\\0&1&-2\end{vmatrix}=0$$

$$A_{32}=(-1)^{3+2}\begin{vmatrix}2&0&0\\1&2&-1\\3&1&-2\end{vmatrix}=-(-8+2)=6$$

将 $D$ 按第 2 列展开，则有 $D=a_{12}A_{12}+a_{22}A_{22}+a_{32}A_{32}$，其中 $a_{12}=0$，$a_{22}=3$，$a_{32}=0$，因此 $D=a_{22}A_{22}$，即

$$D=3\times(-1)^{2+2}\begin{vmatrix}2&0&0\\2&2&1\\3&1&-2\end{vmatrix}=-30$$

## 五、几种特殊行列式

### 1. 三角形行列式

**定义 1.5** 主对角线下方的元素全为 0 的行列式

$$\begin{vmatrix}a_{11}&a_{12}&\cdots&a_{1n}\\0&a_{22}&\cdots&a_{2n}\\\vdots&\vdots&&\vdots\\0&0&\cdots&a_{nn}\end{vmatrix}$$

称为上三角形行列式；反之，主对角线上方的元素全为 0 的行列式

$$\begin{vmatrix}a_{11}&0&\cdots&0\\a_{21}&a_{22}&\cdots&0\\\vdots&\vdots&&\vdots\\a_{n1}&a_{n2}&\cdots&a_{nn}\end{vmatrix}$$

称为下三角形行列式. 上、下三角形行列式统称为三角形行列式.

**注** 判定一个行列式是否为三角形行列式，就看它主对角线的某一侧元素是否全为 0.

**2. 转置行列式**

**定义 1.6** 设 $n$ 阶行列式

$$D=\begin{vmatrix} a_{11} & a_{12} & \cdots & a_{1n} \\ a_{21} & a_{22} & \cdots & a_{2n} \\ \vdots & \vdots & & \vdots \\ a_{n1} & a_{n2} & \cdots & a_{nn} \end{vmatrix}$$

把行列式 $D$ 的行与相应的列互换后得到行列式

$$\begin{vmatrix} a_{11} & a_{21} & \cdots & a_{n1} \\ a_{12} & a_{22} & \cdots & a_{n2} \\ \vdots & \vdots & & \vdots \\ a_{1n} & a_{2n} & \cdots & a_{nn} \end{vmatrix}$$

称其为行列式 $D$ 的转置行列式，记作 $D^{\mathrm{T}}$.

**3. 对称行列式与反对称行列式**

**定义 1.7** 如果 $n$ 阶行列式中第 $i$ 行、第 $j$ 列的元素等于第 $j$ 行、第 $i$ 列的元素，即 $a_{ij}=a_{ji}$，则称这样的行列式为对称行列式. 如果它的第 $i$ 行、第 $j$ 列的元素等于第 $j$ 行、第 $i$ 列的元素的相反数，即 $a_{ij}=-a_{ji}$，则称这样的行列式为反对称行列式.

## 习题 1.1

1. 计算下列行列式.

(1) $|-3|$； (2) $\begin{vmatrix} 2 & 5 \\ 7 & -2 \end{vmatrix}$； (3) $\begin{vmatrix} 3 & 1 & 0 \\ 2 & 0 & -3 \\ 0 & 4 & 5 \end{vmatrix}$；

(4) $\begin{vmatrix} 1 & 2 & 3 \\ 3 & 1 & 2 \\ 2 & 3 & 1 \end{vmatrix}$； (5) $\begin{vmatrix} 1 & 2 & 3 & 4 \\ 0 & 1 & 2 & 3 \\ 0 & 0 & 1 & 2 \\ 0 & 0 & 0 & 1 \end{vmatrix}$.

2. 已知行列式 $\begin{vmatrix} b & 2 & 1 \\ 2 & 3 & 0 \\ 1 & -1 & 1 \end{vmatrix}=0$，求 $b$ 的值.

3. 利用二阶或三阶行列式解下列一次方程组.

(1) $\begin{cases} 6x_1-4x_2=10 \\ 5x_1+7x_2=29 \end{cases}$；

(2) $\begin{cases}2x-3y+z=0\\5x+2y-3z=4;\\4x+y-z=4\end{cases}$

(3) $\begin{cases}x_1+x_2-x_3=0\\2x_1+3x_2+x_3=2.\\x_1-3x_2-x_3=4\end{cases}$

4. 写出行列式 $\begin{vmatrix}1 & 0 & 2 & 5\\-5 & 2 & 1 & 3\\6 & 11 & 0 & 3\\3 & -2 & 1 & 7\end{vmatrix}$ 中元素 $a_{23}$ 的余子式与代数余子式.

5. 求位于行列式 $D=\begin{vmatrix}-2 & 18 & 1\\3 & 7 & 3\\5 & 4 & -2\end{vmatrix}$ 中第 3 行、第 2 列的元素 4 的余子式和代数余子式. 若第 3 行、第 2 列的元素不是 4 而是其他值，其余子式和代数余子式是否有变化?

## 第2节 行列式的性质

本节主要讲解行列式的一些性质及其推论. 利用这些性质及推论，可以简化行列式的计算.

**性质 1.1** 任一行列式和它的转置行列式相等，即

$$\begin{vmatrix} a_{11} & a_{12} & \cdots & a_{1n} \\ a_{21} & a_{22} & \cdots & a_{2n} \\ \vdots & \vdots & & \vdots \\ a_{n1} & a_{n2} & \cdots & a_{nn} \end{vmatrix} = \begin{vmatrix} a_{11} & a_{21} & \cdots & a_{n1} \\ a_{12} & a_{22} & \cdots & a_{n2} \\ \vdots & \vdots & & \vdots \\ a_{1n} & a_{2n} & \cdots & a_{nn} \end{vmatrix}$$

**推论 1.1** 上(下)三角形行列式等于主对角线上的元素的乘积，即

$$\begin{vmatrix} a_{11} & a_{12} & \cdots & a_{1n} \\ 0 & a_{22} & \cdots & a_{2n} \\ \vdots & \vdots & & \vdots \\ 0 & 0 & \cdots & a_{nn} \end{vmatrix} = a_{11}a_{22}\cdots a_{nn}$$

$$\begin{vmatrix} a_{11} & 0 & \cdots & 0 \\ a_{21} & a_{22} & \cdots & 0 \\ \vdots & \vdots & & \vdots \\ a_{n1} & a_{n2} & \cdots & a_{nn} \end{vmatrix} = a_{11}a_{22}\cdots a_{nn}$$

**性质 1.2** 互换行列式的两行(列)，行列式改变符号.

第 $i$ 行(列)和第 $j$ 行(列)互换，记作 $r_i \leftrightarrow r_j (c_i \leftrightarrow c_j)$.

例如，已知 $D = \begin{vmatrix} 3 & 1 & -5 \\ 1 & -2 & 4 \\ -2 & 2 & 7 \end{vmatrix} = -71$，则互换第1行与第3行后，得

$$\overline{D} = \begin{vmatrix} -2 & 2 & 7 \\ 1 & -2 & 4 \\ 3 & 1 & -5 \end{vmatrix} = 71$$

**推论 1.2** 如果行列式有两行(列)完全相同，则此行列式等于零.

**性质 1.3** 行列式中某一行(列)的所有元素都乘同一数 $k$，等于用数 $k$ 乘此行列式.

第 $i$ 行(列)乘 $k$，记作 $r_i \times k (c_i \times k)$.

例如，

$$kD=k\begin{vmatrix} a_{11} & a_{12} & \cdots & a_{1n} \\ a_{21} & a_{22} & \cdots & a_{2n} \\ \vdots & \vdots & & \vdots \\ a_{n1} & a_{n2} & \cdots & a_{nn} \end{vmatrix}=\begin{vmatrix} a_{11} & a_{12} & \cdots & a_{1n} \\ ka_{21} & ka_{22} & \cdots & ka_{2n} \\ \vdots & \vdots & & \vdots \\ a_{n1} & a_{n2} & \cdots & a_{nn} \end{vmatrix}$$

$$=\begin{vmatrix} a_{11} & a_{12} & \cdots & ka_{1n} \\ a_{21} & a_{22} & \cdots & ka_{2n} \\ \vdots & \vdots & & \vdots \\ a_{n1} & a_{n2} & \cdots & ka_{nn} \end{vmatrix}$$

**推论 1.3** 行列式中某一行(列)的所有元素的公因子可以提到行列式记号的外面.

第 $i$ 行(列)提出公因子 $k$，记作 $r_i \div k(c_i \div k)$.

**推论 1.4** 如果行列式中有两行(列)元素成比例，则此行列式等于零.

**性质 1.4** 若行列式的某一行(列)的元素都是两数之和，则其等于两个行列式之和，这两个行列式的这一行(列)的元素分别为相应的两数中的一个，其余元素与原来行列式的对应元素相同.

例如，

$$D=\begin{vmatrix} a_{11} & a_{12} & \cdots & a_{1j}+a'_{1j} & \cdots & a_{1n} \\ a_{21} & a_{22} & \cdots & a_{2j}+a'_{2j} & \cdots & a_{2n} \\ \vdots & \vdots & & \vdots & & \vdots \\ a_{i1} & a_{i2} & \cdots & a_{ij}+a'_{ij} & \cdots & a_{in} \\ \vdots & \vdots & & \vdots & & \vdots \\ a_{n1} & a_{n2} & \cdots & a_{nj}+a'_{nj} & \cdots & a_{nn} \end{vmatrix}$$

$$=\begin{vmatrix} a_{11} & a_{12} & \cdots & a_{1j} & \cdots & a_{1n} \\ a_{21} & a_{22} & \cdots & a_{2j} & \cdots & a_{2n} \\ \vdots & \vdots & & \vdots & & \vdots \\ a_{i1} & a_{i2} & \cdots & a_{ij} & \cdots & a_{in} \\ \vdots & \vdots & & \vdots & & \vdots \\ a_{n1} & a_{n2} & \cdots & a_{nj} & \cdots & a_{nn} \end{vmatrix}+\begin{vmatrix} a_{11} & a_{12} & \cdots & a'_{1j} & \cdots & a_{1n} \\ a_{21} & a_{22} & \cdots & a'_{2j} & \cdots & a_{2n} \\ \vdots & \vdots & & \vdots & & \vdots \\ a_{i1} & a_{i2} & \cdots & a'_{ij} & \cdots & a_{in} \\ \vdots & \vdots & & \vdots & & \vdots \\ a_{n1} & a_{n2} & \cdots & a'_{nj} & \cdots & a_{nn} \end{vmatrix}$$

**性质 1.5** 把行列式的某一行(列)的各元素乘同一个数然后加到另一行(列)对应的元素上去，行列式的值不变.

数 $k$ 乘第 $j$ 行(列)加到第 $i$ 行(列)，记作 $r_i+kr_j(c_i+kc_j)$.

例如，

$$\begin{vmatrix} a_{11} & \cdots & a_{1i} & \cdots & a_{1j} & \cdots & a_{1n} \\ a_{21} & \cdots & a_{2i} & \cdots & a_{2j} & \cdots & a_{2n} \\ \vdots & & \vdots & & \vdots & & \vdots \\ a_{i1} & \cdots & a_{ii} & \cdots & a_{ij} & \cdots & a_{in} \\ \vdots & & \vdots & & \vdots & & \vdots \\ a_{n1} & \cdots & a_{ni} & \cdots & a_{nj} & \cdots & a_{nn} \end{vmatrix}$$

$$= \begin{vmatrix} a_{11} & \cdots & a_{1i} & \cdots & a_{1j} & \cdots & a_{1n} \\ a_{21} & \cdots & a_{2i} & \cdots & a_{2j} & \cdots & a_{2n} \\ \vdots & & \vdots & & \vdots & & \vdots \\ a_{i1}+ka_{j1} & \cdots & a_{ii}+ka_{j2} & \cdots & a_{ij}+ka_{jj} & \cdots & a_{in}+ka_{jn} \\ \vdots & & \vdots & & \vdots & & \vdots \\ a_{n1} & \cdots & a_{ni} & \cdots & a_{nj} & \cdots & q_{nn} \end{vmatrix} \quad (i \neq j)$$

**注** 利用性质 1.2、性质 1.3、性质 1.5 等可将行列式化为三角形行列式.

**例 1.5** 求解方程：

$$\begin{vmatrix} 1 & 2 & 3 & 4 & 5 \\ 0 & x-1 & 6 & 7 & 8 \\ 0 & 0 & x^2 & 9 & 10 \\ 0 & 0 & 0 & 4-2x & 11 \\ 0 & 0 & 0 & 0 & 5 \end{vmatrix} = 0$$

**解** 易知方程中的行列式为上三角形行列式，因此

$$\begin{vmatrix} 1 & 2 & 3 & 4 & 5 \\ 0 & x-1 & 6 & 7 & 8 \\ 0 & 0 & x^2 & 9 & 10 \\ 0 & 0 & 0 & 4-2x & 11 \\ 0 & 0 & 0 & 0 & 5 \end{vmatrix} = 5x^2(x-1)(4-2x)$$

所以

$$5x^2(x-1)(4-2x)=0$$

因此方程的解为

$$\begin{cases} x_1=2 \\ x_2=1 \\ x_3=0 \end{cases}$$

**例 1.6** 计算四阶行列式 $D=\begin{vmatrix} 2 & -5 & 1 & 2 \\ -3 & 7 & -1 & 4 \\ 5 & -9 & 2 & 7 \\ 4 & -6 & 1 & 2 \end{vmatrix}$.

**解** 方法一：利用行列式的性质，将 $D$ 化为上三角形行列式.

$$D=\begin{vmatrix}2&-5&1&2\\-3&7&-1&4\\5&-9&2&7\\4&-6&1&2\end{vmatrix}\xlongequal{c_1\leftrightarrow c_3}-\begin{vmatrix}1&-5&2&2\\-1&7&-3&4\\2&-9&5&7\\1&-6&4&2\end{vmatrix}\xlongequal[r_4-r_1]{r_2+r_1,\ r_3-2r_1}-\begin{vmatrix}1&-5&2&2\\0&2&-1&6\\0&1&1&3\\0&-1&2&0\end{vmatrix}$$

$$\xlongequal{r_2\leftrightarrow r_3}\begin{vmatrix}1&-5&2&2\\0&1&1&3\\0&2&-1&6\\0&-1&2&0\end{vmatrix}\xlongequal[r_4+r_2]{r_3-2r_2}\begin{vmatrix}1&-5&2&2\\0&1&1&3\\0&0&-3&0\\0&0&3&3\end{vmatrix}\xlongequal{r_4+r_3}\begin{vmatrix}1&-5&2&2\\0&1&1&3\\0&0&-3&0\\0&0&0&3\end{vmatrix}$$

$$=1\times1\times(-3)\times3=-9$$

方法二：利用 $D$ 中 $a_{13}=1$，把第3列其余元素化为0之后，再按第3列展开，将 $D$ 降为三阶行列式.

$$D=\begin{vmatrix}2&-5&1&2\\-3&7&-1&4\\5&-9&2&7\\4&-6&1&2\end{vmatrix}\xlongequal[r_4-r_1]{r_2+r_1,\ r_3-2r_1}\begin{vmatrix}2&-5&1&2\\-1&2&0&6\\1&1&0&3\\2&-1&0&0\end{vmatrix}$$

$$=1\times(-1)^{1+3}\begin{vmatrix}-1&2&6\\1&1&3\\2&-1&0\end{vmatrix}$$

$$=-9$$

## 习题 1.2

1. 计算四阶行列式 $D=\begin{vmatrix}0&0&0&m_1\\0&0&m_2&m_1\\0&m_3&m_2&m_1\\m_4&m_3&m_2&m_1\end{vmatrix}$.

2. 把下列行列式化为上三角形行列式，并求值.

(1) $\begin{vmatrix}1&2&0&1\\1&3&5&0\\0&1&5&6\\1&2&3&4\end{vmatrix}$；  (2) $\begin{vmatrix}3&5&1&0\\2&1&4&5\\1&7&4&2\\-3&5&1&1\end{vmatrix}$.

# 第3节 克莱姆法则

对于包含 $n$ 个未知数 $x_1$，$x_2$，…，$x_n$ 的 $n$ 个方程所组成的方程组

$$\begin{cases} a_{11}x_1+a_{12}x_2+\cdots+a_{1n}x_n=b_1 \\ a_{21}x_1+a_{22}x_2+\cdots+a_{2n}x_n=b_2 \\ \vdots \\ a_{n1}x_1+a_{n2}x_2+\cdots+a_{nn}x_n=b_n \end{cases} \tag{1.3}$$

如果方程组的常数项全为0，则此方程组称为齐次线性方程组；如果方程组的常数项不全为0，则此方程组称为非齐次线性方程组.

克莱姆给出了上述方程组的求解方法，即克莱姆法则.

**定理1.2(克莱姆法则)** 如果方程组(1.3)的系数行列式不等于零，即

$$D=\begin{vmatrix} a_{11} & a_{12} & \cdots & a_{1n} \\ a_{21} & a_{22} & \cdots & a_{2n} \\ \vdots & \vdots & & \vdots \\ a_{n1} & a_{n2} & \cdots & a_{nn} \end{vmatrix} \neq 0$$

那么方程组(1.3)有唯一解：

$$x_j=\frac{D_j}{D}(j=1,2,\cdots,n)$$

其中 $D_j(j=1, 2, \cdots, n)$ 是把 $D$ 的第 $j$ 列用常数项列替换(其他列不变)后得到的 $n$ 阶行列式.

**定理1.3** 若方程组(1.3)无解或有两个以上的不同解，则它的系数行列式 $D=0$.

**定理1.4** 若方程组(1.3)的系数行列式 $D\neq0$，则对应的齐次线性方程组有唯一的零解；反之，若齐次线性方程组有非零解，则 $D=0$.

**例1.7** 求一个一元二次多项式，使 $f(1)=0$，$f(2)=3$，$f(-3)=28$.

**解** 设所求的多项式为 $f(x)=ax^2+bx+c$，则由 $f(1)=0$，$f(2)=3$，$f(-3)=28$ 得

$$\begin{cases} a+b+c=0 \\ 4a+2b+c=3 \\ 9a-3b+c=28 \end{cases}$$

从而

$$D=\begin{vmatrix} 1 & 1 & 1 \\ 4 & 2 & 1 \\ 9 & -3 & 1 \end{vmatrix}=-20,\ D_1=\begin{vmatrix} 0 & 1 & 1 \\ 3 & 2 & 1 \\ 28 & -3 & 1 \end{vmatrix}=-40$$

$$D_2=\begin{vmatrix}1&0&1\\4&3&1\\9&28&1\end{vmatrix}=60,\ D_3=\begin{vmatrix}1&1&0\\4&2&3\\9&-3&28\end{vmatrix}=-20$$

因此

$$a=\frac{D_1}{D}=2,\ b=\frac{D_2}{D}=-3,\ c=\frac{D_3}{D}=1$$

故所求的多项式为 $f(x)=2x^2-3x+1$.

**注** 能够使用克莱姆法则求解的方程组应具备两个条件(一般方程组的解在第 3 章中讨论):

(1) 系数行列式 $D\neq 0$;

(2) 方程个数等于未知数个数.

**例 1.8** 某物流公司有 3 辆汽车，如果这 3 辆汽车同时运送一批货物，则一天共运 8800 吨；如果第 1 辆汽车运 2 天，第 2 辆汽车运 3 天，则共运货物 13 200 吨；如果第 1 辆汽车运 1 天，第 2 辆汽车运 2 天，第 3 辆汽车运 3 天，则共运货物 18 800 吨. 问：每辆汽车每天可运货物多少吨?

**解** 设第 $i$ 辆汽车每天运货物 $x_i(i=1, 2, 3)$吨，依题意可建立如下线性方程组：

$$\begin{cases}x_1+x_2+x_3=8800\\2x_1+3x_2=13\ 200\\x_1+2x_2+3x_3=18\ 800\end{cases}$$

由于线性方程组有 3 个方程、3 个未知量，又

$$D=\begin{vmatrix}1&1&1\\2&3&0\\1&2&3\end{vmatrix}=4\neq 0$$

因此根据克莱姆法则可知，此线性方程组有唯一解.

类似地，可以计算

$$D_1=\begin{vmatrix}8800&1&1\\13\ 200&3&0\\18\ 800&2&3\end{vmatrix}=9600$$

$$D_2=\begin{vmatrix}1&8\ 800&1\\2&13\ 200&0\\1&18\ 800&3\end{vmatrix}=11\ 200$$

$$D_3=\begin{vmatrix}1&1&8\ 800\\2&3&13\ 200\\1&2&18\ 800\end{vmatrix}=14\ 400$$

于是此方程组的解为

$$x_1 = \frac{D_1}{D} = 2400$$

$$x_2 = \frac{D_2}{D} = 2800$$

$$x_3 = \frac{D_3}{D} = 3600$$

因此 3 辆汽车每天可运货物分别为 2400 吨、2800 吨、3600 吨.

## 习题 1.3

1. 利用克莱姆法则解下列方程组.

(1) $\begin{cases} 3x-21y=1 \\ 5x-22y=9 \end{cases}$；　(2) $\begin{cases} 2x-6y+z=7 \\ 3x+y-4z=2 \\ x-11y+8z=13 \end{cases}$；　(3) $\begin{cases} 6x-7y+2z=3 \\ 13x-y-3z=2 \\ 2x-10y-4z=1 \end{cases}$.

2. 求二次多项式 $f(x)$，使得 $f(1)=-2$，$f(-1)=10$，$f(2)=-5$.

3. 某公司经过调研得知：一个中等水平的员工早上 8：00 开始工作，在 $t$ 小时之后，可以生产 $Q$ 个零件，它的模型是 $Q(t)=at^2+bt+c$. 测得 3 组数据：工作 1 小时，生产 30 个零件；工作 2 小时，生产 70 个零件；工作 3 小时，生产 80 个零件. 求产量 $Q$ 与时间 $t$ 的数学模型.

# 第 2 章

# 矩　　阵

# 第1节 矩阵的概念

## 一、矩阵的概念

**引例 2.1** 若有甲、乙、丙三家公司，在一段时期内，这三家公司的成本明细如表 2.1 所示.

**表 2.1 成本明细表**

| 成本 | 甲公司 | 乙公司 | 丙公司 |
|---|---|---|---|
| 人工成本 | 43 808 | 37 232 | 29 253 |
| 设备成本 | 28 645 | 24 527 | 20 000 |

将上表中的数据取出且不改变数据的相关位置，那么就得到一个两行三列的矩形数表：

$$\begin{pmatrix} 43\ 808 & 37\ 232 & 29\ 253 \\ 28\ 645 & 24\ 527 & 20\ 000 \end{pmatrix}$$

**引例 2.2** 考察线性方程组解的情况

$$\begin{cases} x_1 - x_2 + x_3 - 2x_4 = 2 \\ -x_1 + 2x_2 - x_3 = -4 \\ 3x_1 + 2x_2 + x_3 - 2x_4 = -1 \end{cases}$$

这是一个未知数个数大于方程个数的线性方程组，其解的情况取决于未知量系数与常数项，如果把这些系数和常数项按原来的行列次序排出一张数表

$$\begin{pmatrix} 1 & -1 & 1 & -2 & 2 \\ -1 & 2 & -1 & 0 & -4 \\ 3 & 2 & 1 & -2 & -1 \end{pmatrix}$$

那么，线性方程组就完全由这张数表所确定了.

矩形数表是从实际中抽象出来的一个新的数学对象，为进一步研究起见，给出以下定义.

**定义 2.1** 由 $m\times n$ 个数 $a_{ij}(i=1, 2, \cdots, m; j=1, 2, \cdots, n)$ 组成一个 $m$ 行 $n$ 列的矩形数表，称其为 $m$ 行 $n$ 列矩阵，简称 $m\times n$ 矩阵.

矩阵常用大写字母 $\boldsymbol{A}$，$\boldsymbol{B}$，$\boldsymbol{C}$，…表示，记作

$$\boldsymbol{A} = \begin{pmatrix} a_{11} & a_{12} & \cdots & a_{1n} \\ a_{21} & a_{22} & \cdots & a_{2n} \\ \vdots & \vdots & & \vdots \\ a_{m1} & a_{m2} & \cdots & a_{mn} \end{pmatrix}$$

其中 $a_{ij}(i=1, 2, \cdots, m; j=1, 2, \cdots, n)$称为矩阵 $\boldsymbol{A}$ 的元素. $m\times n$ 矩阵 $\boldsymbol{A}$ 也可记为 $\boldsymbol{A}=(a_{ij})_{m\times n}$ 或者 $\boldsymbol{A}_{m\times n}$.

## 二、几种特殊的矩阵

以下列举出几种特殊的矩阵.

(1) 零矩阵：所有元素都是零的矩阵. 记作 $\mathbf{0}$ 或者 $\mathbf{0}_{m\times n}$.

(2) 行矩阵和列矩阵：只有一行元素的矩阵称为行矩阵(行向量)；只有一列元素的矩阵称为列矩阵(列向量). 例如

$$\boldsymbol{A}_{1\times n}=(a_{11}, a_{12}, \cdots, a_{1n})$$

$$\boldsymbol{B}_{m\times 1}=\begin{pmatrix} b_{11} \\ b_{21} \\ b_{31} \\ \vdots \\ b_{m1} \end{pmatrix}$$

(3) 负矩阵：矩阵 $\boldsymbol{A}$ 的负矩阵就是矩阵 $\boldsymbol{A}$ 的所有元素都取相反数，记为 $-\boldsymbol{A}$.

例如，矩阵 $\boldsymbol{A}=\begin{pmatrix} 3 & 6 & 0 \\ -2 & 4 & 1 \\ 5 & -7 & 8 \end{pmatrix}$ 的负矩阵为 $-\boldsymbol{A}=\begin{pmatrix} -3 & -6 & 0 \\ 2 & -4 & -1 \\ -5 & 7 & -8 \end{pmatrix}$.

(4) $n$ 阶方阵：行数 $m$ 等于列数 $n$ 的矩阵称为 $n$ 阶方阵，即 $n\times n$ 矩阵或 $n\times n$ 方阵.

例如，$\begin{pmatrix} a_{11} & a_{12} & \cdots & a_{1n} \\ a_{21} & a_{22} & \cdots & a_{2n} \\ \vdots & \vdots & & \vdots \\ a_{n1} & a_{n2} & \cdots & a_{nn} \end{pmatrix}$ 就是一个 $n$ 阶方阵，$a_{11}, a_{22}, \cdots, a_{nn}$ 称为主对角线上的元素.

(5) 主对角线以下(上)元素全为零的方阵称为上(下)三角形矩阵.

例如，$\begin{pmatrix} 3 & 6 & 0 \\ 0 & 4 & 1 \\ 0 & 0 & 8 \end{pmatrix}$ 为三阶上三角形矩阵；$\begin{pmatrix} 3 & 0 & 0 \\ 0 & 4 & 0 \\ -4 & 0 & 8 \end{pmatrix}$ 为三阶下三角形矩阵.

(6) 除了主对角线上的元素以外，其余元素全为零的矩阵称为对角矩阵.

例如，$\begin{pmatrix} 3 & 0 & 0 \\ 0 & 4 & 0 \\ 0 & 0 & 8 \end{pmatrix}$ 为三阶对角矩阵.

(7) 主对角线上的元素全相等的对角矩阵称为数量矩阵.

例如，$\begin{pmatrix} a & 0 & 0 \\ 0 & a & 0 \\ 0 & 0 & a \end{pmatrix}$$(a\neq 0)$为三阶数量矩阵.

(8) 主对角线上的元素全为 1 的数量矩阵称为单位矩阵，$n$ 阶单位矩阵记作 $\boldsymbol{E}_n$ 或 $\boldsymbol{I}_n$.

例如，$\begin{pmatrix} 1 & 0 & 0 & 0 \\ 0 & 1 & 0 & 0 \\ 0 & 0 & 1 & 0 \\ 0 & 0 & 0 & 1 \end{pmatrix}$为四阶单位矩阵.

## 习题 2.1

1. 已知矩阵 $\boldsymbol{A}=\begin{pmatrix} 1 & 2 & 3 \\ a & 2 & 1 \\ b & c & 1 \end{pmatrix}$为上三角形矩阵，那么 $a=$__________，$b=$__________，$c=$__________.

2. 已知矩阵 $\boldsymbol{B}$ 是矩阵 $\boldsymbol{A}$ 的负矩阵，矩阵为 $\boldsymbol{A}=\begin{pmatrix} 1 & a & 0 \\ 8 & 6 & -1 \\ 5 & 3 & a \end{pmatrix}$，则矩阵 $\boldsymbol{B}=$__________.

3. 矩阵 $\boldsymbol{A}$ 为五阶单位矩阵，则矩阵 $\boldsymbol{A}=$__________.

# 第2节 矩阵的运算

## 一、矩阵相等

设 $\boldsymbol{A}=(a_{ij})_{m\times n}$，$\boldsymbol{B}=(b_{ij})_{m\times n}$，则

$$\boldsymbol{A}=\boldsymbol{B}\Leftrightarrow a_{ij}=b_{ij}(i=1, 2, \cdots, m; j=1, 2, \cdots, n)$$

由矩阵相等的定义可以看出，矩阵 $\boldsymbol{A}$ 与矩阵 $\boldsymbol{B}$ 相等当且仅当 $\boldsymbol{A}$ 与 $\boldsymbol{B}$ 的行、列、对应元素都相等.

## 二、矩阵加法

**定义 2.2** 已知两个 $m\times n$ 矩阵 $\boldsymbol{A}=(a_{ij})_{m\times n}$，$\boldsymbol{B}=(b_{ij})_{m\times n}$，将对应的元素相加得到一个新的 $m\times n$ 矩阵称为矩阵 $\boldsymbol{A}$ 与 $\boldsymbol{B}$ 的和，记作 $\boldsymbol{A}+\boldsymbol{B}=(a_{ij}+b_{ij})_{m\times n}$.

**例 2.1** 设 $\boldsymbol{A}=\begin{pmatrix}1 & 3\\ 2 & 0\\ -1 & 0\end{pmatrix}$，$\boldsymbol{B}=\begin{pmatrix}-5 & 4\\ 3 & -1\\ 1 & 8\end{pmatrix}$，求 $\boldsymbol{A}+\boldsymbol{B}$.

**解**
$$\boldsymbol{A}+\boldsymbol{B}=\begin{pmatrix}1 & 3\\ 2 & 0\\ -1 & 0\end{pmatrix}+\begin{pmatrix}-5 & 4\\ 3 & -1\\ 1 & 8\end{pmatrix}=\begin{pmatrix}-4 & 7\\ 5 & -1\\ 0 & 8\end{pmatrix}$$

**注** 只有行数相同列数相同的矩阵才能进行加法运算；矩阵的减法可以看成一个矩阵与另一个矩阵的负矩阵相加.

矩阵加法满足如下的运算规律：

(1) 交换律：$\boldsymbol{A}+\boldsymbol{B}=\boldsymbol{B}+\boldsymbol{A}$；

(2) 结合律：$(\boldsymbol{A}+\boldsymbol{B})+\boldsymbol{C}=\boldsymbol{A}+(\boldsymbol{B}+\boldsymbol{C})$；

(3) 存在零矩阵：对任何矩阵 $\boldsymbol{A}$，都有 $\boldsymbol{A}+\boldsymbol{0}=\boldsymbol{A}$.

## 三、数乘矩阵

**定义 2.3** 已知数 $k$ 和一个 $m\times n$ 矩阵 $\boldsymbol{A}=(a_{ij})_{m\times n}$，将数 $k$ 乘以矩阵 $\boldsymbol{A}$ 中的每一个元素，所得到的一个新的 $m\times n$ 矩阵称为数 $k$ 与矩阵 $\boldsymbol{A}$ 的乘积，记作 $k\boldsymbol{A}=(ka_{ij})_{m\times n}$.

**例 2.2** 已知矩阵 $\boldsymbol{A}=\begin{pmatrix}1 & 3\\ 2 & 0\\ -1 & 0\end{pmatrix}$，$\boldsymbol{B}=\begin{pmatrix}-5 & 4\\ 3 & -1\\ 1 & 8\end{pmatrix}$，求 $3\boldsymbol{A}-2\boldsymbol{B}$.

**解** $3\boldsymbol{A}-2\boldsymbol{B}=3\begin{pmatrix}1&3\\2&0\\-1&0\end{pmatrix}-2\begin{pmatrix}-5&4\\3&-1\\1&8\end{pmatrix}=\begin{pmatrix}3&9\\6&0\\-3&0\end{pmatrix}-\begin{pmatrix}-10&8\\6&-2\\2&16\end{pmatrix}=\begin{pmatrix}13&1\\0&2\\-5&-16\end{pmatrix}$

## 四、矩阵乘法

先看一个实际的例子.

某钢铁生产企业7—9月份的生产原料：铁矿石、焦炭、无烟煤的用量(吨)用矩阵$\boldsymbol{A}$表示，三种原料的费用(元)用矩阵$\boldsymbol{B}$表示.

$$\begin{matrix} & \text{铁矿石} & \text{焦炭} & \text{无烟煤} \end{matrix}$$
$$\boldsymbol{A}=\begin{pmatrix}2000&1000&200\\1800&800&300\\2100&1200&400\end{pmatrix}\begin{matrix}7\text{月}\\8\text{月}\\9\text{月}\end{matrix},\quad \boldsymbol{B}=\begin{pmatrix}100\\1300\\1100\end{pmatrix}\begin{matrix}\text{铁矿石}\\\text{焦炭}\\\text{无烟煤}\end{matrix}$$

则该企业7月份的生产成本为

$$2000\times100+1000\times1300+200\times1100=1\ 720\ 000(\text{元})$$

观察可知，结果是矩阵$\boldsymbol{A}$的第一行元素与矩阵$\boldsymbol{B}$的列的对应元素的乘积之和，类似的，可知8月份的生产成本为

$$1800\times100+800\times1300+300\times1100=1\ 550\ 000(\text{元})$$

9月份的生产成本为

$$2100\times100+1200\times1300+400\times1100=2\ 210\ 000(\text{元})$$

用矩阵$\boldsymbol{C}$表示该企业7—9月份的开支为

$$\boldsymbol{C}=\begin{pmatrix}1\ 720\ 000\\1\ 550\ 000\\2\ 210\ 000\end{pmatrix}$$

观察可知，$c_{11}$，$c_{21}$，$c_{31}$分别是矩阵$\boldsymbol{A}$的第一、二、三行元素与矩阵$\boldsymbol{B}$的对应元素的乘积之和.

**定义2.4** 已知矩阵$\boldsymbol{A}=(a_{ij})_{m\times s}$和矩阵$\boldsymbol{B}=(b_{ij})_{s\times n}$，称$m\times n$矩阵$\boldsymbol{C}=(c_{ij})_{m\times n}$为矩阵$\boldsymbol{A}$和矩阵$\boldsymbol{B}$的乘积，记作$\boldsymbol{C}=\boldsymbol{AB}$. 其中$c_{ij}=a_{i1}b_{1j}+a_{i2}b_{2j}+\cdots+a_{is}b_{sj}=\sum\limits_{k=1}^{s}a_{ik}b_{kj}$.

**注** (1) 不是任意两个矩阵都可以相乘，只有左矩阵$\boldsymbol{A}$的列数和右矩阵$\boldsymbol{B}$的行数相等时，$\boldsymbol{AB}$才有意义.

(2) 矩阵$\boldsymbol{C}=\boldsymbol{AB}$的行数与矩阵$\boldsymbol{A}$的行数$m$相等，而其列数与矩阵$\boldsymbol{B}$的列数$n$相等，即$\boldsymbol{C}_{m\times n}=(\boldsymbol{AB})_{m\times n}=\boldsymbol{A}_{m\times s}\boldsymbol{B}_{s\times n}$.

**例2.3** 已知$\boldsymbol{A}=\begin{pmatrix}1&-2\\2&1\\3&-3\end{pmatrix}$，$\boldsymbol{B}=\begin{pmatrix}1&-4&2\\3&5&-1\end{pmatrix}$，求$\boldsymbol{AB}$.

解 $$AB=\begin{pmatrix}1&-2\\2&1\\3&-3\end{pmatrix}\begin{pmatrix}1&-4&2\\3&5&-1\end{pmatrix}$$

$$=\begin{pmatrix}1\times1+(-2)\times3 & 1\times(-4)+(-2)\times5 & 1\times2+(-2)\times(-1)\\ 2\times1+1\times3 & 2\times(-4)+1\times5 & 2\times2+1\times(-1)\\ 3\times1+(-3)\times3 & 3\times(-4)+(-3)\times5 & 3\times2+(-3)\times(-1)\end{pmatrix}$$

$$=\begin{pmatrix}-5&-14&4\\5&-3&3\\-6&-27&9\end{pmatrix}$$

**例 2.4** 已知 $A=\begin{pmatrix}1&0&3\\2&1&5\end{pmatrix}$，$B=\begin{pmatrix}2&0\\1&3\\-1&0\end{pmatrix}$，$C=\begin{pmatrix}-4&0\\3&3\\1&0\end{pmatrix}$，求 $AB$，$BA$ 和 $AC$.

解 $$AB=\begin{pmatrix}1&0&3\\2&1&5\end{pmatrix}\begin{pmatrix}2&0\\1&3\\-1&0\end{pmatrix}=\begin{pmatrix}-1&0\\0&3\end{pmatrix}$$

$$BA=\begin{pmatrix}2&0\\1&3\\-1&0\end{pmatrix}\begin{pmatrix}1&0&3\\2&1&5\end{pmatrix}=\begin{pmatrix}2&0&6\\7&3&18\\-1&0&-3\end{pmatrix}$$

$$AC=\begin{pmatrix}1&0&3\\2&1&5\end{pmatrix}\begin{pmatrix}-4&0\\3&3\\1&0\end{pmatrix}=\begin{pmatrix}-1&0\\0&3\end{pmatrix}$$

从例 2.4 可以看出，矩阵相乘不满足交换律，即 $AB\neq BA$；矩阵的乘法运算不满足乘法消去律，即 $A\neq 0$，$AB=AC$，不能得到 $B=C$.

**例 2.5** 已知 $A=\begin{pmatrix}1&1\\-1&-1\end{pmatrix}$，$B=\begin{pmatrix}2&1\\4&1\end{pmatrix}$，$C=\begin{pmatrix}6&2\\0&0\end{pmatrix}$，求 $AB$ 和 $AC$.

解 $$AB=\begin{pmatrix}1&1\\-1&-1\end{pmatrix}\begin{pmatrix}2&1\\4&1\end{pmatrix}=\begin{pmatrix}6&2\\-6&-2\end{pmatrix}$$

$$AC=\begin{pmatrix}1&1\\-1&-1\end{pmatrix}\begin{pmatrix}6&2\\0&0\end{pmatrix}=\begin{pmatrix}6&2\\-6&-2\end{pmatrix}$$

**例 2.6** 已知 $A=\begin{pmatrix}1&1&2\\2&2&4\end{pmatrix}$，$B=\begin{pmatrix}1&-3&2\\1&1&0\\-1&1&-1\end{pmatrix}$，求 $AB$、$EA$、$AE$.

解 $$AB=\begin{pmatrix}1&1&2\\2&2&4\end{pmatrix}\begin{pmatrix}1&-3&2\\1&1&0\\-1&1&-1\end{pmatrix}=\begin{pmatrix}0&0&0\\0&0&0\end{pmatrix}$$

$$EA=\begin{pmatrix}1&0\\0&1\end{pmatrix}\begin{pmatrix}1&1&2\\2&2&4\end{pmatrix}=\begin{pmatrix}1&1&2\\2&2&4\end{pmatrix}$$

$$AE=\begin{pmatrix}1&1&2\\2&2&4\end{pmatrix}\begin{pmatrix}1&0&0\\0&1&0\\0&0&1\end{pmatrix}=\begin{pmatrix}1&1&2\\2&2&4\end{pmatrix}$$

从例 2.6 可以看出，一般地，$\boldsymbol{AB}=\boldsymbol{0}$ 不能得到 $\boldsymbol{A}=\boldsymbol{0}$ 或 $\boldsymbol{B}=\boldsymbol{0}$. 矩阵与单位矩阵相乘相当于数与 1 相乘，只是矩阵与单位矩阵相乘要注意单位矩阵的阶数.

矩阵与矩阵的乘法运算还具有下列的性质：

(1) 结合律：$(\boldsymbol{AB})\boldsymbol{C}=\boldsymbol{A}(\boldsymbol{BC})$；

(2) 分配律：$(\boldsymbol{A}+\boldsymbol{B})\boldsymbol{C}=\boldsymbol{AC}+\boldsymbol{BC}$，$\boldsymbol{A}(\boldsymbol{B}+\boldsymbol{C})=\boldsymbol{AB}+\boldsymbol{AC}$；

(3) $k(\boldsymbol{AB})=(k\boldsymbol{A})\boldsymbol{B}=\boldsymbol{A}(k\boldsymbol{B})$（$k$ 为常数）；

(4) $\boldsymbol{E}_m\boldsymbol{A}_{m\times n}=\boldsymbol{A}_{m\times n}\boldsymbol{E}_n=\boldsymbol{A}_{m\times n}$；

(5) $\boldsymbol{0}_{s\times m}\boldsymbol{A}_{m\times n}=\boldsymbol{0}_{s\times n}$，$\boldsymbol{A}_{m\times n}\boldsymbol{0}_{n\times t}=\boldsymbol{0}_{m\times t}$.

由于矩阵乘法不满足交换律，因而矩阵与矩阵相乘必须注意顺序.

$\boldsymbol{AB}$ 称为用矩阵 $\boldsymbol{A}$ 左乘矩阵 $\boldsymbol{B}$，或称为用矩阵 $\boldsymbol{B}$ 右乘矩阵 $\boldsymbol{A}$. 所以当 $\boldsymbol{AB}\neq\boldsymbol{BA}$ 时，

$$(\boldsymbol{A}+\boldsymbol{B})^2=\boldsymbol{A}^2+\boldsymbol{AB}+\boldsymbol{BA}+\boldsymbol{B}^2$$

$$(\boldsymbol{A}+\boldsymbol{B})(\boldsymbol{A}-\boldsymbol{B})=\boldsymbol{A}^2-\boldsymbol{AB}+\boldsymbol{BA}-\boldsymbol{B}^2$$

## 五、矩阵转置

**定义 2.5** 已知 $m\times n$ 矩阵

$$\boldsymbol{A}=\begin{pmatrix}a_{11}&a_{12}&\cdots&a_{1n}\\a_{21}&a_{22}&\cdots&a_{2n}\\\vdots&\vdots&&\vdots\\a_{m1}&a_{m2}&\cdots&a_{mn}\end{pmatrix}$$

将矩阵 $\boldsymbol{A}$ 的行变成相应的列，得到新的 $n\times m$ 矩阵，称它为 $\boldsymbol{A}$ 的转置矩阵，记作

$$\boldsymbol{A}^{\mathrm{T}}=\begin{pmatrix}a_{11}&a_{21}&\cdots&a_{m1}\\a_{12}&a_{22}&\cdots&a_{m2}\\\vdots&\vdots&&\vdots\\a_{1n}&a_{2n}&\cdots&a_{mn}\end{pmatrix}$$

如果 $\boldsymbol{A}$ 是一个 $n$ 阶方阵，且 $\boldsymbol{A}^{\mathrm{T}}=\boldsymbol{A}$，则称矩阵 $\boldsymbol{A}$ 为 $n$ 阶对称矩阵.

可以证明，矩阵的转置有如下性质：

(1) $(\boldsymbol{A}+\boldsymbol{B})^{\mathrm{T}}=\boldsymbol{A}^{\mathrm{T}}+\boldsymbol{B}^{\mathrm{T}}$；

(2) $(\boldsymbol{A}^{\mathrm{T}})^{\mathrm{T}}=\boldsymbol{A}$；

(3) $(k\boldsymbol{A})^{\mathrm{T}}=k\boldsymbol{A}^{\mathrm{T}}$（$k$ 为常数）；

(4) $(\boldsymbol{AB})^{\mathrm{T}}=\boldsymbol{B}^{\mathrm{T}}\boldsymbol{A}^{\mathrm{T}}$.

**例 2.7** 设 $\boldsymbol{A}=\begin{pmatrix}2&0&-1\\1&3&2\end{pmatrix}$，$\boldsymbol{B}=\begin{pmatrix}1&7&-1\\4&2&3\\2&0&1\end{pmatrix}$，求 $(\boldsymbol{AB})^{\mathrm{T}}$ 和 $\boldsymbol{B}^{\mathrm{T}}\boldsymbol{A}^{\mathrm{T}}$.

**解** $\boldsymbol{AB}=\begin{pmatrix}2&0&-1\\1&3&2\end{pmatrix}\begin{pmatrix}1&7&-1\\4&2&3\\2&0&1\end{pmatrix}=\begin{pmatrix}0&14&-3\\17&13&10\end{pmatrix}$，则

$$(\boldsymbol{AB})^{\mathrm{T}}=\begin{pmatrix}0&17\\14&13\\-3&10\end{pmatrix}$$

又 $\boldsymbol{B}^{\mathrm{T}}=\begin{pmatrix}1&4&2\\7&2&0\\-1&3&1\end{pmatrix}$，$\boldsymbol{A}^{\mathrm{T}}=\begin{pmatrix}2&1\\0&3\\-1&2\end{pmatrix}$，则

$$\boldsymbol{B}^{\mathrm{T}}\boldsymbol{A}^{\mathrm{T}}=\begin{pmatrix}1&4&2\\7&2&0\\-1&3&1\end{pmatrix}\begin{pmatrix}2&1\\0&3\\-1&2\end{pmatrix}=\begin{pmatrix}0&17\\14&13\\-3&10\end{pmatrix}$$

由此例可以看出 $(\boldsymbol{AB})^{\mathrm{T}}=\boldsymbol{B}^{\mathrm{T}}\boldsymbol{A}^{\mathrm{T}}$.

**例 2.8** 设 $\boldsymbol{A}=\begin{pmatrix}1&2\\3&4\end{pmatrix}$，$\boldsymbol{B}=\begin{pmatrix}-1&0\\2&3\end{pmatrix}$，求 $\boldsymbol{AB}^{\mathrm{T}}-2\boldsymbol{A}$.

**解** 因为

$$\boldsymbol{B}^{\mathrm{T}}=\begin{pmatrix}-1&2\\0&3\end{pmatrix},\ \boldsymbol{AB}^{\mathrm{T}}=\begin{pmatrix}1&2\\3&4\end{pmatrix}\begin{pmatrix}-1&2\\0&3\end{pmatrix}=\begin{pmatrix}-1&8\\-3&18\end{pmatrix}$$

所以

$$\boldsymbol{AB}^{\mathrm{T}}-2\boldsymbol{A}=\begin{pmatrix}-1&8\\-3&18\end{pmatrix}-2\times\begin{pmatrix}1&2\\3&4\end{pmatrix}=\begin{pmatrix}-1&8\\-3&18\end{pmatrix}-\begin{pmatrix}2&4\\6&8\end{pmatrix}=\begin{pmatrix}-3&4\\-9&10\end{pmatrix}$$

## 六、方阵的行列式

**定义 2.6** 已知 $n$ 阶方阵 $\boldsymbol{A}=\begin{pmatrix}a_{11}&a_{12}&\cdots&a_{1n}\\a_{21}&a_{22}&\cdots&a_{2n}\\\vdots&\vdots&&\vdots\\a_{n1}&a_{n2}&\cdots&a_{nn}\end{pmatrix}$，将构成 $n$ 阶方阵的 $n^2$ 个元素按照原来的顺序作一个 $n$ 阶行列式，这个 $n$ 阶行列式称为 $n$ 阶方阵 $\boldsymbol{A}$ 的行列式，记作

$$|\boldsymbol{A}|=\begin{vmatrix}a_{11}&a_{12}&\cdots&a_{1n}\\a_{21}&a_{22}&\cdots&a_{2n}\\\vdots&\vdots&&\vdots\\a_{n1}&a_{n2}&\cdots&a_{nn}\end{vmatrix}$$

可以证明，方阵的行列式具有下列性质：

(1) $|\boldsymbol{A}^{\mathrm{T}}|=|\boldsymbol{A}|$；

(2) $|k\boldsymbol{A}|=k^{n}|\boldsymbol{A}|$（$k$ 为常数）；

(3) $|\boldsymbol{AB}|=|\boldsymbol{A}||\boldsymbol{B}|=|\boldsymbol{B}||\boldsymbol{A}|=|\boldsymbol{BA}|$.

**例 2.9** 设 $\boldsymbol{A}=\begin{pmatrix}1&2\\3&4\end{pmatrix}$，$\boldsymbol{B}=\begin{pmatrix}1&0\\0&2\end{pmatrix}$，验证：

(1) $|\boldsymbol{A}^{\mathrm{T}}|=|\boldsymbol{A}|$；

(2) $|2\boldsymbol{A}|=2^{2}|\boldsymbol{A}|$；

(3) $|\boldsymbol{AB}|=|\boldsymbol{A}||\boldsymbol{B}|$.

**证明** (1) 因为

$$|\boldsymbol{A}|=\begin{vmatrix}1&2\\3&4\end{vmatrix}=-2$$

$$|\boldsymbol{A}^{\mathrm{T}}|=\begin{vmatrix}1&3\\2&4\end{vmatrix}=-2$$

所以

$$|\boldsymbol{A}^{\mathrm{T}}|=|\boldsymbol{A}|$$

(2) 因为

$$|2\boldsymbol{A}|=\begin{vmatrix}2&4\\6&8\end{vmatrix}=-8$$

$$2^{2}|\boldsymbol{A}|=4\times(-2)=-8$$

所以

$$|2\boldsymbol{A}|=2^{2}|\boldsymbol{A}|$$

(3) 因为

$$\boldsymbol{AB}=\begin{pmatrix}1&2\\3&4\end{pmatrix}\begin{pmatrix}1&0\\0&2\end{pmatrix}=\begin{pmatrix}1&4\\3&8\end{pmatrix}$$

$$|\boldsymbol{AB}|=\begin{vmatrix}1&4\\3&8\end{vmatrix}=-4$$

$$|\boldsymbol{A}||\boldsymbol{B}|=\begin{vmatrix}1&2\\3&4\end{vmatrix}\begin{vmatrix}1&0\\0&2\end{vmatrix}=(-2)\times 2=-4$$

所以

$$|\boldsymbol{AB}|=|\boldsymbol{A}||\boldsymbol{B}|.$$

## 七、伴随矩阵

**定义 2.7** 设有 $n$ 阶方阵

$$A=\begin{pmatrix}a_{11}&a_{12}&\cdots&a_{1n}\\a_{21}&a_{22}&\cdots&a_{2n}\\\vdots&\vdots&&\vdots\\a_{n1}&a_{n2}&\cdots&a_{nn}\end{pmatrix}$$

由 $\boldsymbol{A}$ 的行列式 $|\boldsymbol{A}|$ 的全部代数余子式按照下面的方式组成的矩阵

$$A^*=\begin{pmatrix}A_{11}&A_{21}&\cdots&A_{n1}\\A_{12}&A_{22}&\cdots&A_{n2}\\\vdots&\vdots&&\vdots\\A_{1n}&A_{2n}&\cdots&A_{nn}\end{pmatrix}$$

称为 $\boldsymbol{A}$ 的伴随矩阵.

伴随矩阵 $\boldsymbol{A}^*$ 的第 $i$ 行元素是 $|\boldsymbol{A}|$ 的第 $i$ 列元素的代数余子式，因此在求伴随矩阵时既要注意代数余子式的符号，又要注意放置顺序.

**性质 2.1** (1) $\boldsymbol{AA}^*=|\boldsymbol{A}|\boldsymbol{E}$；(2) $|\boldsymbol{A}^*|=|\boldsymbol{A}|^{n-1}$.

**例 2.10** 判断下列命题是否正确，并说明理由.

(1) 如果 $\boldsymbol{A}^2=\boldsymbol{0}$，那么 $\boldsymbol{A}=\boldsymbol{0}$；

(2) $(\boldsymbol{A}+\boldsymbol{B})^2=\boldsymbol{A}^2+2\boldsymbol{AB}+\boldsymbol{B}^2$.

**解** (1) 不正确.

理由：例如，$\boldsymbol{A}=\begin{pmatrix}0&1\\0&0\end{pmatrix}$，$\boldsymbol{A}^2=\begin{pmatrix}0&1\\0&0\end{pmatrix}\begin{pmatrix}0&1\\0&0\end{pmatrix}=\begin{pmatrix}0&0\\0&0\end{pmatrix}=\boldsymbol{0}$，满足条件，$\boldsymbol{A}\neq\boldsymbol{0}$.

(2) 不正确.

理由：$(\boldsymbol{A}+\boldsymbol{B})^2=\boldsymbol{A}^2+2\boldsymbol{AB}+\boldsymbol{B}^2$ 成立的充要条件是 $\boldsymbol{A}$ 与 $\boldsymbol{B}$ 可交换，正确的写法应为

$$(\boldsymbol{A}+\boldsymbol{B})^2=(\boldsymbol{A}+\boldsymbol{B})(\boldsymbol{A}+\boldsymbol{B})=\boldsymbol{A}^2+\boldsymbol{AB}+\boldsymbol{BA}+\boldsymbol{B}^2$$

类似地，下列各式成立的充要条件是 $\boldsymbol{A}$ 与 $\boldsymbol{B}$ 可交换：

(1) $\boldsymbol{A}^2-\boldsymbol{B}^2=(\boldsymbol{A}+\boldsymbol{B})(\boldsymbol{A}-\boldsymbol{B})$；

(2) $(\boldsymbol{A}-\boldsymbol{B})^2=\boldsymbol{A}^2-2\boldsymbol{AB}+\boldsymbol{B}^2$；

(3) $\boldsymbol{A}^3\pm\boldsymbol{B}^3=(\boldsymbol{A}\pm\boldsymbol{B})(\boldsymbol{A}^2\mp\boldsymbol{AB}+\boldsymbol{B}^2)$；

(4) $(\boldsymbol{A}\pm\boldsymbol{B})^3=\boldsymbol{A}^3\pm3\boldsymbol{A}^2\boldsymbol{B}+3\boldsymbol{AB}^2\pm\boldsymbol{B}^3$.

## 习题 2.2

1. 计算.

(1) $\begin{pmatrix}2&5\\-2&-1\\3&4\end{pmatrix}\begin{pmatrix}a&b\\c&d\end{pmatrix}$；　　(2) $\begin{pmatrix}1&-1\\1&1\end{pmatrix}\begin{pmatrix}2&-1&1\\3&0&4\end{pmatrix}$；

(3) $\begin{pmatrix} 0 & 1 & -1 & 3 \\ -1 & 2 & 1 & 0 \end{pmatrix}\begin{pmatrix} 1 & 1 \\ -1 & 4 \\ 3 & 0 \\ 1 & 2 \end{pmatrix}$；　　(4) $\begin{pmatrix} 0 & -2 & 1 \\ 1 & -1 & 1 \\ 3 & 0 & 4 \end{pmatrix}+\begin{pmatrix} 1 & 4 & -1 \\ 0 & 2 & 3 \\ -1 & -2 & 0 \end{pmatrix}$.

2. 已知 $\boldsymbol{A}=\begin{pmatrix} 0 & -2 & 1 \\ 1 & 1 & 3 \\ 3 & 0 & 4 \end{pmatrix}$，$\boldsymbol{B}=\begin{pmatrix} 1 & 4 & -1 \\ 0 & 2 & 3 \\ -1 & 3 & 0 \end{pmatrix}$，求 $\boldsymbol{A}-3\boldsymbol{B}$.

3. 已知 $\boldsymbol{A}=(1, 3, -1)$，$\boldsymbol{B}=\begin{pmatrix} 3 \\ 2 \\ -4 \end{pmatrix}$，判断 $\boldsymbol{AB}$、$\boldsymbol{BA}$ 是否有意义.

4. 用矩阵乘法表示所要求的量(无需计算).

(1) 已知物理、化学、生物三科考试成绩分别占总成绩比例为 40%，35%，25%，四名学生的单科成绩如表 2.2 所示，求各人总成绩.

**表 2.2　学生各科成绩表**

| 学生 | 物理 | 化学 | 生物 |
|---|---|---|---|
| 甲 | 71 | 80 | 76 |
| 乙 | 92 | 85 | 88 |
| 丙 | 60 | 76 | 70 |
| 丁 | 75 | 69 | 75 |

(2) 已知某地区有四个工厂，年生产甲、乙、丙三种产品(见表 2.3，单位：吨). 已知三种产品每吨价格分别为 100(万元)、120(万元)、90(万元)，每吨利润分别为 15(万元)、18(万元)、20(万元)、求四个工厂的年总收入和年总利润.

**表 2.3　产品产量表**

| 产品 | 一厂 | 二厂 | 三厂 | 四厂 |
|---|---|---|---|---|
| 甲 | 10 | 12 | 6 | 11 |
| 乙 | 6 | 8 | 5 | 9 |
| 丙 | 15 | 9 | 12 | 8 |

5. 计算.

(1) $(1, 2, 3)\begin{pmatrix} 1 \\ 2 \\ 3 \end{pmatrix}=$________________，$\begin{pmatrix} 1 \\ 2 \\ 3 \end{pmatrix}(1, 2, 3)=$________________；

(2) $(1, -1, 0, 1)\begin{pmatrix}1\\-1\\0\\1\end{pmatrix}=$________, $\begin{pmatrix}1\\-1\\0\\1\end{pmatrix}(1, -1, 0, 1)=$________.

6. 某水果批发部向 $A$、$B$、$C$、$D$ 四家水果店分别批发的苹果、橘子和香蕉的数量如表 2.4 所示(单位：千克). 已知苹果、橘子和香蕉的批发价分别为每千克 1.50 元、1.80 元和 2.20 元，试用矩阵表示并计算 $A$、$B$、$C$、$D$ 四家水果店应分别给水果批发部支付的金额.

**表 2.4 四家水果店水果批发数量表**

| 水果店 | 苹果 | 橘子 | 香蕉 |
|---|---|---|---|
| $A$ | 100 | 40 | 60 |
| $B$ | 60 | 35 | 50 |
| $C$ | 60 | 30 | 60 |
| $D$ | 50 | 45 | 30 |

# 第3节 逆矩阵

## 一、逆矩阵的概念及性质

### 1. 逆矩阵的概念

**定义 2.8** 已知 $n$ 阶方阵 $\boldsymbol{A}$，若存在 $n$ 阶方阵 $\boldsymbol{B}$，使得 $\boldsymbol{AB}=\boldsymbol{BA}=\boldsymbol{E}$，则称 $n$ 阶方阵 $\boldsymbol{A}$ 可逆，并称 $n$ 阶方阵 $\boldsymbol{B}$ 是 $\boldsymbol{A}$ 的逆矩阵，记作 $\boldsymbol{A}^{-1}=\boldsymbol{B}$.

由定义可知，矩阵 $\boldsymbol{A}$ 和它的逆矩阵 $\boldsymbol{B}$ 都是可逆的，并且 $\boldsymbol{A}^{-1}=\boldsymbol{B}$，$\boldsymbol{B}^{-1}=\boldsymbol{A}$.

**注** (1) 可逆矩阵的逆是唯一的；

(2) 由于 $\boldsymbol{E}\cdot\boldsymbol{E}=\boldsymbol{E}$，故单位矩阵 $\boldsymbol{E}$ 是可逆的，且 $\boldsymbol{E}^{-1}=\boldsymbol{E}$.

### 2. 逆矩阵的性质

(1) 若 $\boldsymbol{A}$ 可逆，则 $\boldsymbol{A}^{-1}$ 也可逆，且 $(\boldsymbol{A}^{-1})^{-1}=\boldsymbol{A}$；

(2) 若 $\boldsymbol{A}$ 可逆，则 $\boldsymbol{A}^{\mathrm{T}}$ 也可逆，且 $(\boldsymbol{A}^{\mathrm{T}})^{-1}=(\boldsymbol{A}^{-1})^{\mathrm{T}}$；

(3) 若 $\boldsymbol{A}$ 可逆，$k\neq 0$，则 $k\boldsymbol{A}$ 也可逆，且 $(k\boldsymbol{A})^{-1}=\dfrac{1}{k}\boldsymbol{A}^{-1}$；

(4) 若 $n$ 阶方阵 $\boldsymbol{A}$ 与 $\boldsymbol{B}$ 都可逆，则 $\boldsymbol{AB}$ 也可逆，且 $(\boldsymbol{AB})^{-1}=\boldsymbol{B}^{-1}\boldsymbol{A}^{-1}$；

(5) 若 $\boldsymbol{A}$ 可逆，则 $|\boldsymbol{A}^{-1}|=|\boldsymbol{A}|^{-1}$.

## 二、可逆矩阵的判定及求法

一般来说，利用定义判别一个矩阵是否可逆是不方便的，下面介绍矩阵可逆的充要条件.

### 1. 可逆矩阵的判定

**定理 2.1** $n$ 阶方阵可逆的充分必要条件是 $|\boldsymbol{A}|\neq 0$.

**定义 2.9** 如果 $n$ 阶矩阵 $\boldsymbol{A}$ 的行列式 $|\boldsymbol{A}|\neq 0$，则称其为非奇异矩阵；如果 $|\boldsymbol{A}|=0$，则称其为奇异矩阵.

**例 2.11** 判断矩阵 $\boldsymbol{A}=\begin{pmatrix}3 & -1 & -4\\ 1 & 0 & -1\\ 1 & 2 & 1\end{pmatrix}$ 是否可逆.

**解** 因为

$$|\boldsymbol{A}|=\begin{vmatrix}3 & -1 & -4\\ 1 & 0 & -1\\ 1 & 2 & 1\end{vmatrix}\xlongequal[c_3+c_1]{r_1\leftrightarrow r_2}\begin{vmatrix}1 & 0 & 0\\ 3 & -1 & -1\\ 1 & 2 & 2\end{vmatrix}=0$$

所以矩阵 $\boldsymbol{A}$ 不可逆.

**2. 求逆矩阵的方法**

**定理 2.2** 矩阵 $\boldsymbol{A}$ 可逆的充分必要条件是 $\boldsymbol{A}$ 为非奇异矩阵，且 $\boldsymbol{A}^{-1}=\frac{1}{|\boldsymbol{A}|}\boldsymbol{A}^*$.

这里求可逆矩阵的逆的方法称为伴随矩阵法，过程如下：

(1) 先求出行列式的值 $|\boldsymbol{A}|$；

(2) 若 $|\boldsymbol{A}|\neq 0$，再求各个元素的代数余子式；

(3) 最后写出逆矩阵：$\boldsymbol{A}^{-1}=\frac{1}{|\boldsymbol{A}|}\boldsymbol{A}^*$.

**例 2.12** 求二阶矩阵 $\boldsymbol{A}=\begin{pmatrix} a & b \\ c & d \end{pmatrix}$ 的逆矩阵 $(ad-bc\neq 0)$.

**解** 根据伴随矩阵法求逆，先求行列式的值，

$$|\boldsymbol{A}|=\begin{vmatrix} a & b \\ c & d \end{vmatrix}=ad-bc\neq 0$$

再求代数余子式的值，

$$A_{11}=d,\ A_{21}=-b,\ A_{12}=-c,\ A_{22}=a$$

所以 $\boldsymbol{A}$ 的逆矩阵为

$$\boldsymbol{A}^{-1}=\frac{1}{ad-bc}\begin{pmatrix} d & -b \\ -c & a \end{pmatrix}$$

对于二阶矩阵的逆，可以总结一个口诀——两换一除：主对角线上的元素换位置，次对角线上的元素换符号，最后除以行列式的值.

**例 2.13** 已知 $\boldsymbol{A}=\begin{pmatrix} 1 & 2 & 3 \\ 2 & 2 & 1 \\ 3 & 4 & 3 \end{pmatrix}$，$\boldsymbol{B}=\begin{pmatrix} 2 & 1 \\ 5 & 3 \end{pmatrix}$，$\boldsymbol{C}=\begin{pmatrix} 1 & 3 \\ 2 & 0 \\ 3 & 1 \end{pmatrix}$，求矩阵 $\boldsymbol{X}$ 使其满足 $\boldsymbol{AXB}=\boldsymbol{C}$.

**解** 因为

$$|\boldsymbol{A}|=\begin{vmatrix} 1 & 2 & 3 \\ 2 & 2 & 1 \\ 3 & 4 & 3 \end{vmatrix}=2\neq 0,\ |\boldsymbol{B}|=\begin{vmatrix} 2 & 1 \\ 5 & 3 \end{vmatrix}=1\neq 0$$

所以 $A$，$B$ 可逆.

因为

$$A_{11}=\begin{vmatrix} 2 & 1 \\ 4 & 3 \end{vmatrix}=2,\quad A_{21}=-\begin{vmatrix} 2 & 3 \\ 4 & 3 \end{vmatrix}=6,\quad A_{31}=\begin{vmatrix} 2 & 3 \\ 2 & 1 \end{vmatrix}=-4$$

$$A_{12}=-\begin{vmatrix} 2 & 1 \\ 3 & 3 \end{vmatrix}=-3,\quad A_{22}=\begin{vmatrix} 1 & 3 \\ 3 & 3 \end{vmatrix}=-6,\quad A_{32}=-\begin{vmatrix} 1 & 3 \\ 2 & 1 \end{vmatrix}=5$$

$$A_{13}=\begin{vmatrix}2&2\\3&4\end{vmatrix}=2,\quad A_{23}=-\begin{vmatrix}1&2\\3&4\end{vmatrix}=2,\quad A_{33}=\begin{vmatrix}1&2\\2&2\end{vmatrix}=-2$$

所以

$$\boldsymbol{A}^*=\begin{pmatrix}2&6&-4\\-3&-6&5\\2&2&-2\end{pmatrix}$$

所以

$$\boldsymbol{A}^{-1}=\frac{1}{|\boldsymbol{A}|}\boldsymbol{A}^*=\frac{1}{2}\begin{pmatrix}2&6&-4\\-3&-6&5\\2&2&-2\end{pmatrix}=\begin{pmatrix}1&3&-2\\-\frac{3}{2}&-3&\frac{5}{2}\\1&1&-1\end{pmatrix}$$

而 $\boldsymbol{B}^{-1}=\begin{pmatrix}3&-1\\-5&2\end{pmatrix}$，所以

$$\begin{aligned}\boldsymbol{AXB}=\boldsymbol{C}&\Rightarrow\boldsymbol{A}^{-1}\boldsymbol{AXBB}^{-1}=\boldsymbol{A}^{-1}\boldsymbol{CB}^{-1}\\&\Rightarrow\boldsymbol{X}=\boldsymbol{A}^{-1}\boldsymbol{CB}^{-1}\\&=\begin{pmatrix}1&3&-2\\-\frac{3}{2}&-3&\frac{5}{2}\\1&1&-1\end{pmatrix}\begin{pmatrix}1&3\\2&0\\3&1\end{pmatrix}\begin{pmatrix}3&-1\\-5&2\end{pmatrix}=\begin{pmatrix}-2&1\\10&-4\\-10&4\end{pmatrix}\end{aligned}$$

**例 2.14** 设 $\boldsymbol{A}$ 是三阶方阵，且 $|\boldsymbol{A}|=\frac{1}{3}$，求 $|(2\boldsymbol{A})^{-1}-3\boldsymbol{A}^*|$.

**解** 两个矩阵和的行列式不能拆分成两个行列式的和，故此利用矩阵 $\boldsymbol{A}^{-1}$ 与 $\boldsymbol{A}^*$ 的关系，先将 $|(2\boldsymbol{A})^{-1}-3\boldsymbol{A}^*|$ 中的矩阵 $\boldsymbol{A}^{-1}$ 与 $\boldsymbol{A}^*$ 化为统一形式 $\boldsymbol{A}^{-1}$ 或者 $\boldsymbol{A}^*$.

$$\begin{aligned}|(2\boldsymbol{A})^{-1}-3\boldsymbol{A}^*|&=\left|\frac{\boldsymbol{A}^{-1}}{2}-3|\boldsymbol{A}|\boldsymbol{A}^{-1}\right|=\left|-\frac{1}{2}\boldsymbol{A}^{-1}\right|=\left(-\frac{1}{2}\right)^3|\boldsymbol{A}^{-1}|\\&=-\frac{1}{8}\times3=-\frac{3}{8}\end{aligned}$$

**例 2.15** 用逆矩阵解线性方程组

$$\begin{cases}x_1+2x_2+3x_3=-7\\2x_1-x_2+2x_3=-8\\x_1+3x_2+0x_3=7\end{cases}$$

**解** 设 $\boldsymbol{A}=\begin{pmatrix}1&2&3\\2&-1&2\\1&3&0\end{pmatrix}$，$\boldsymbol{X}=\begin{pmatrix}x_1\\x_2\\x_3\end{pmatrix}$，$\boldsymbol{B}=\begin{pmatrix}-7\\-8\\7\end{pmatrix}$，则方程组可以写为 $\boldsymbol{AX}=\boldsymbol{B}$，它的解为（上式两端左乘 $\boldsymbol{A}^{-1}$）$\boldsymbol{X}=\boldsymbol{A}^{-1}\boldsymbol{B}$. 不难算出

$$A^{-1}=\begin{pmatrix}-\frac{6}{19} & \frac{9}{19} & \frac{7}{19}\\ \frac{2}{19} & -\frac{3}{19} & \frac{4}{19}\\ \frac{7}{19} & -\frac{1}{19} & -\frac{5}{19}\end{pmatrix}$$

所以

$$\begin{pmatrix}x_1\\x_2\\x_3\end{pmatrix}=X=A^{-1}B=\begin{pmatrix}-\frac{6}{19} & \frac{9}{19} & \frac{7}{19}\\ \frac{2}{19} & -\frac{3}{19} & \frac{4}{19}\\ \frac{7}{19} & -\frac{1}{19} & -\frac{5}{19}\end{pmatrix}\begin{pmatrix}-7\\-8\\7\end{pmatrix}=\begin{pmatrix}1\\2\\-4\end{pmatrix}$$

即 $x_1=1$，$x_2=2$，$x_3=-4$.

## 习题 2.3

1. 设 $A=\begin{pmatrix}1&0&0&0\\1&1&0&0\\0&0&1&0\\0&0&0&1\end{pmatrix}$，$B=\begin{pmatrix}1&0&0&0\\0&2&0&0\\0&0&3&0\\0&0&0&4\end{pmatrix}$，计算 $(AB)^{-1}$.

2. 设方阵 $A$、$B$ 满足：$AB=A+2B$，$A=\begin{pmatrix}3&0&1\\1&1&0\\0&1&4\end{pmatrix}$，求 $B$.

3. 求下列矩阵的逆矩阵.

(1) $\begin{pmatrix}1&2\\2&5\end{pmatrix}$；　(2) $\begin{pmatrix}1&2\\2&3\end{pmatrix}$；　(3) $\begin{pmatrix}1&2&3\\2&2&1\\3&4&3\end{pmatrix}$；　(4) $\begin{pmatrix}2&0&0\\1&4&0\\3&-1&1\end{pmatrix}$.

# 第 4 节 矩阵的初等变换及其应用

## 一、矩阵的初等变换

矩阵的初等行变换是矩阵的一种最基本的运算，对于研究矩阵的性质和求解线性方程组等有着重要的作用.

**定义 2.10** 矩阵的初等行变换是指对矩阵施行如下三种变换：

(1) 对换变换：交换矩阵的两行($r_i \leftrightarrow r_j$)；

(2) 倍乘变换：用非零数 $k$ 乘以矩阵的某一行($kr_i$)；

(3) 倍加变换：把矩阵的某一行乘以数 $k$ 后加到另一行上去($r_i + kr_j$).

例如，$A=\begin{pmatrix}0 & 1\\2 & 4\end{pmatrix}\xrightarrow{r_1\leftrightarrow r_2}\begin{pmatrix}2 & 4\\0 & 1\end{pmatrix}\xrightarrow{\frac{1}{2}r_1}\begin{pmatrix}1 & 2\\0 & 1\end{pmatrix}\xrightarrow{r_1+(-2)r_2}\begin{pmatrix}1 & 0\\0 & 1\end{pmatrix}=\boldsymbol{I}_2$.

把定义 2.8 中的“行”换成“列”，即得矩阵的初等列变换的定义(所用的记号是把“$r$”换成“$c$”).

矩阵的初等行变换和初等列变换统称为初等变换.

如果矩阵 $\boldsymbol{A}$ 经有限次的初等变换变成矩阵 $\boldsymbol{B}$，则称矩阵 $\boldsymbol{A}$ 与 $\boldsymbol{B}$ 等价，记作 $\boldsymbol{A}\sim\boldsymbol{B}$.

矩阵之间的等价关系具有下面的性质：

(1) 反身性：$\boldsymbol{A}\sim\boldsymbol{A}$；

(2) 对称性：若 $\boldsymbol{A}\sim\boldsymbol{B}$，则 $\boldsymbol{B}\sim\boldsymbol{A}$；

(3) 传递性：若 $\boldsymbol{A}\sim\boldsymbol{B}$，$\boldsymbol{B}\sim\boldsymbol{C}$，则 $\boldsymbol{A}\sim\boldsymbol{C}$.

## 二、阶梯形矩阵和简化阶梯形矩阵

**定义 2.11** 满足以下条件的矩阵称为阶梯形矩阵：

(1) 各非零行的第一个非零元素(称为该行的首非零元)所在的列标随着行标的增大而严格增大，即矩阵中每一行首非零元素必在上一行首非零元的右下方；

(2) 当有零行时，零行在非零行的下方.

例如，$\boldsymbol{A}=\begin{pmatrix}1 & 0 & 2 & -5\\0 & 4 & 3 & 7\\0 & 0 & 0 & 8\end{pmatrix}$，$\boldsymbol{B}=\begin{pmatrix}1 & 0 & 2 & 5\\0 & 4 & 0 & 0\\0 & 0 & 0 & 0\end{pmatrix}$都是阶梯形矩阵.

**定义 2.12** 满足以下条件的阶梯形矩阵称为简化阶梯形矩阵：

(1) 各非零行的首非零元素都是 1；

(2) 各非零行首非零元素所在列的其他元素全为零.

例如，$\boldsymbol{A}=\begin{pmatrix}1&0&2&0\\0&1&3&0\\0&0&0&1\end{pmatrix}$，$\boldsymbol{B}=\begin{pmatrix}1&0&2&5\\0&1&0&3\\0&0&0&0\end{pmatrix}$都是简化阶梯形矩阵.

**定理 2.3** 任何非零矩阵 $\boldsymbol{A}$ 经过一系列初等行变换可化成阶梯形矩阵，再经过一系列初等行变换可化成简化阶梯形矩阵.

$$\left(\boldsymbol{A}\xrightarrow{\text{初等行变换}}\text{阶梯形矩阵 }\boldsymbol{A}_1\xrightarrow{\text{初等行变换}}\text{简化阶梯形矩阵 }\boldsymbol{A}_2\right)$$

如何将矩阵化为阶梯形和简化阶梯形矩阵？常常按下面的步骤进行：

(1) 让矩阵最左上角的元素，通常是(1，1)元变为1(或便于计算的其他数)；

(2) 把第1行的若干倍加到下面各行，让(1，1)元下方的元素都化为零；如果变换的过程中出现零行，就将它换到最下面；

(3) 重复上面的做法，把(2，2)元下方的各元素都化为零，直到下面各行都是零行为止，得到阶梯形矩阵；

(4) 然后从最下面的一个首元开始，依次将各首元上方的元素化为零.

简单地说，从左往右逐列进行化为阶梯形矩阵，再从右往左逐列进行化为简化阶梯形矩阵.

**例 2.16** 用矩阵的初等行变换将矩阵$\boldsymbol{A}=\begin{pmatrix}1&2&3&4\\1&-2&4&5\\1&10&1&2\end{pmatrix}$化成阶梯形矩阵和简化阶梯形矩阵.

**解**
$$\boldsymbol{A}=\begin{pmatrix}1&2&3&4\\1&-2&4&5\\1&10&1&2\end{pmatrix}\xrightarrow[r_3-r_1]{r_2-r_1}\begin{pmatrix}1&2&3&4\\0&-4&1&1\\0&8&-2&-2\end{pmatrix}\xrightarrow{r_3+2r_2}\begin{pmatrix}1&2&3&4\\0&-4&1&1\\0&0&0&0\end{pmatrix}$$

$$\xrightarrow{-\frac{1}{4}r_2}\begin{pmatrix}1&2&3&4\\0&1&-\frac{1}{4}&-\frac{1}{4}\\0&0&0&0\end{pmatrix}\xrightarrow{r_1-2r_2}\begin{pmatrix}1&0&\frac{7}{2}&\frac{9}{2}\\0&1&-\frac{1}{4}&-\frac{1}{4}\\0&0&0&0\end{pmatrix}=\boldsymbol{A}_2$$

**注意** 阶梯形矩阵中非零行的个数是唯一的，即矩阵的简化阶梯形矩阵是唯一的. 但矩阵的阶梯形矩阵是不唯一的.

## 三、初等矩阵

**定义 2.13** 单位矩阵经过一次初等变换所得到的矩阵称为初等矩阵.

三种初等变换得到如下的三种初等矩阵：

(1) 初等互换矩阵 $\boldsymbol{E}(i,j)$：交换单位矩阵 $\boldsymbol{E}$ 的第 $i$ 行和第 $j$ 行；

$$\boldsymbol{E}(i,j)=\begin{pmatrix}1 & & & & & & & & & \\ & \ddots & & & & & & & & \\ & & 1 & & & & & & & \\ & & & 0 & \cdots & & 1 & & & \\ & & & & 1 & & & & & \\ & & & \vdots & & \ddots & \vdots & & & \\ & & & & & & 1 & & & \\ & & & 1 & \cdots & & 0 & & & \\ & & & & & & & 1 & & \\ & & & & & & & & \ddots & \\ & & & & & & & & & 1\end{pmatrix}\begin{matrix}\\ \\ \\ i\text{ 行}\\ \\ \\ \\ j\text{ 行}\\ \\ \\ \\ \end{matrix}$$

(2) 初等倍乘矩阵 $\boldsymbol{E}(i(k))$：用非零数 $k$ 乘以单位矩阵 $\boldsymbol{E}$ 的第 $i$ 行；

$$\boldsymbol{E}(i(k))=\begin{pmatrix}1 & & & & & & \\ & \ddots & & & & & \\ & & 1 & & & & \\ & & & k & & & \\ & & & & 1 & & \\ & & & & & \ddots & \\ & & & & & & 1\end{pmatrix}\begin{matrix}\\ \\ \\ i\text{ 行}\\ \\ \\ \\ \end{matrix}$$

(3) 初等倍加矩阵 $\boldsymbol{E}(i,j(k))$：把单位矩阵 $\boldsymbol{E}$ 的第 $j$ 行的 $k$ 倍加到第 $i$ 行.

$$E(i,j(k))=\begin{pmatrix}1 & & & & & & \\ & \ddots & & & & & \\ & & 1 & \cdots & k & & \\ & & & \ddots & \vdots & & \\ & & & & 1 & & \\ & & & & & \ddots & \\ & & & & & & 1\end{pmatrix}\begin{matrix}\\ \\ i\text{ 行}\\ \\ j\text{ 行}\\ \\ \\ \end{matrix}$$

初等矩阵的行列式都不为零，因此都可逆：

$$|\boldsymbol{E}(i,j)|=-1,\quad |\boldsymbol{E}(i(k))|=k\neq 0,\quad |\boldsymbol{E}(i,j(k))|=1$$

$$\boldsymbol{E}^{-1}(i,j)=\boldsymbol{E}(i,j),\ \boldsymbol{E}^{-1}(i(k))=\boldsymbol{E}\left(i\left(\frac{1}{k}\right)\right),\ \boldsymbol{E}^{-1}(i,j(k))=\boldsymbol{E}(i,j(-k))$$

下面的定理是关于初等矩阵和初等变换的重要结论，是矩阵理论的基础定理.

**定理 2.4** 设 $\boldsymbol{A}$ 是一个 $m\times n$ 矩阵，对 $\boldsymbol{A}$ 施行一次初等行变换相当于用同种类型的初等矩阵左乘 $\boldsymbol{A}$；对 $\boldsymbol{A}$ 施行一次初等列变换相当于用同种类型的初等矩阵右乘 $\boldsymbol{A}$.

**定理 2.5** 设 $\boldsymbol{A}$ 是一个 $m\times n$ 矩阵，那么存在 $m$ 阶初等矩阵 $\boldsymbol{P}_1$，…，$\boldsymbol{P}_s$ 和 $n$ 阶初等矩阵 $\boldsymbol{Q}_1$，…，$\boldsymbol{Q}_t$，使得

$$\boldsymbol{P}_1\cdots\boldsymbol{P}_s\boldsymbol{A}\boldsymbol{Q}_1\cdots\boldsymbol{Q}_t=\begin{pmatrix}\boldsymbol{E} & \boldsymbol{0}\\ \boldsymbol{0} & \boldsymbol{0}\end{pmatrix}$$

**推论 2.1** 如果 $\boldsymbol{A}$ 和 $\boldsymbol{B}$ 都是 $m\times n$ 矩阵，那么 $\boldsymbol{A}$ 与 $\boldsymbol{B}$ 等价的充分必要条件是存在 $m$ 阶可逆矩阵 $\boldsymbol{P}$ 和 $n$ 阶可逆矩阵 $\boldsymbol{Q}$，使得 $\boldsymbol{PAQ}=\boldsymbol{B}$.

**推论 2.2** 可逆矩阵与单位矩阵等价.

**推论 2.3** 可逆矩阵可以表示成若干个初等矩阵的乘积.

从以上结论中我们得到下面的求逆矩阵的方法.

## 四、初等变换求逆

设 $\boldsymbol{A}$ 是 $n$ 阶可逆矩阵，那么其逆 $\boldsymbol{A}^{-1}$ 也是可逆矩阵. 根据推论 2.3，存在初等矩阵 $\boldsymbol{P}_1$，…，$\boldsymbol{P}_s$ 使 $\boldsymbol{A}^{-1}=\boldsymbol{P}_1\boldsymbol{P}_2\cdots\boldsymbol{P}_s$，即

$$\boldsymbol{A}^{-1}=\boldsymbol{P}_1\boldsymbol{P}_2\cdots\boldsymbol{P}_s\boldsymbol{E} \tag{2.1}$$

式(2.1)两边同时右乘 $\boldsymbol{A}$ 可变成

$$\boldsymbol{E}=\boldsymbol{P}_1\boldsymbol{P}_2\cdots\boldsymbol{P}_s\boldsymbol{A} \tag{2.2}$$

根据定理 2.2，式(2.2)表示对 $\boldsymbol{A}$ 施行 $s$ 次初等行变换，可以把 $\boldsymbol{A}$ 化为单位矩阵 $\boldsymbol{E}$，式(2.1)表示经过同样的初等变换可以把 $\boldsymbol{E}$ 化为 $\boldsymbol{A}^{-1}$. 那么我们作一个 $n\times 2n$ 的矩阵($\boldsymbol{A}$，$\boldsymbol{E}$)，对其仅作初等行变换(这时 $\boldsymbol{A}$ 和 $\boldsymbol{E}$ 作了相同的初等行变换)，当 $\boldsymbol{A}$ 的部分化为 $\boldsymbol{E}$ 时，$\boldsymbol{E}$ 的部分就化成了 $\boldsymbol{A}^{-1}$. 这种方法称为初等变换法求逆：$(\boldsymbol{A},\boldsymbol{E})\xrightarrow{r}(\boldsymbol{E},\boldsymbol{A}^{-1})$.

还可以用同样的方法求 $\boldsymbol{A}^{-1}\boldsymbol{B}$：$(\boldsymbol{A},\boldsymbol{B})\xrightarrow{r}(\boldsymbol{E},\boldsymbol{A}^{-1}\boldsymbol{B})$.

在以上求逆和 $\boldsymbol{A}^{-1}\boldsymbol{B}$ 的运算中，不可以作初等列变换！但是可以通过初等列变换求逆和求 $\boldsymbol{BA}^{-1}$：

$$\begin{pmatrix}\boldsymbol{A}\\ \boldsymbol{E}\end{pmatrix}\xrightarrow{c}\begin{pmatrix}\boldsymbol{E}\\ \boldsymbol{A}^{-1}\end{pmatrix}$$

$$\begin{pmatrix}\boldsymbol{A}\\ \boldsymbol{B}\end{pmatrix}\xrightarrow{c}\begin{pmatrix}\boldsymbol{E}\\ \boldsymbol{BA}^{-1}\end{pmatrix}$$

**例 2.17** 用初等行变换求矩阵方程 $\boldsymbol{AX}+\boldsymbol{B}=\boldsymbol{X}$ 的解 $\boldsymbol{X}$，其中

$$\boldsymbol{A}=\begin{pmatrix}0 & 1 & 1\\ -1 & 1 & 1\\ 0 & -1 & 0\end{pmatrix},\ \boldsymbol{B}=\begin{pmatrix}1 & -1\\ 2 & 1\\ 1 & 3\end{pmatrix}$$

**解** 将方程变形为 $\boldsymbol{X}-\boldsymbol{AX}=\boldsymbol{B}$，即$(\boldsymbol{E}-\boldsymbol{A})\boldsymbol{X}=\boldsymbol{B}$，故 $\boldsymbol{X}=(\boldsymbol{E}-\boldsymbol{A})^{-1}\boldsymbol{B}$. 由于

$$E-A=\begin{pmatrix}1&0&0\\0&1&0\\0&0&1\end{pmatrix}-\begin{pmatrix}0&1&1\\-1&1&1\\0&-1&0\end{pmatrix}=\begin{pmatrix}1&-1&-1\\1&0&-1\\0&1&1\end{pmatrix}$$

且$|E-A|\neq 0$，则

$$((E-A),B)=\begin{pmatrix}1&-1&-1&1&-1\\1&0&-1&2&1\\0&1&1&1&3\end{pmatrix}\xrightarrow{r_2\leftrightarrow r_3}\begin{pmatrix}1&-1&-1&1&-1\\0&1&1&1&3\\1&0&-1&2&1\end{pmatrix}$$

$$\xrightarrow{r_1+r_2}\begin{pmatrix}1&0&0&2&2\\0&1&1&1&3\\1&0&-1&2&1\end{pmatrix}\xrightarrow{r_3-r_1}\begin{pmatrix}1&0&0&2&3\\0&1&1&1&3\\0&0&-1&0&-1\end{pmatrix}$$

$$\xrightarrow{-r_3}\begin{pmatrix}1&0&0&2&2\\0&1&1&1&3\\0&0&1&0&1\end{pmatrix}\xrightarrow{r_2-r_3}\begin{pmatrix}1&0&0&2&2\\0&1&0&1&2\\0&0&1&0&1\end{pmatrix}$$

所以

$$X=\begin{pmatrix}2&2\\1&2\\0&1\end{pmatrix}$$

**例 2.18** 用初等变换求矩阵$A=\begin{pmatrix}3&1&2\\2&-1&0\\1&0&1\end{pmatrix}$的逆.

**解** 因为

$$(A,E)=\begin{pmatrix}3&1&2&1&0&0\\2&-1&0&0&1&0\\1&0&1&0&0&1\end{pmatrix}\xrightarrow{r_1\leftrightarrow r_3}\begin{pmatrix}1&0&1&0&0&1\\2&-1&0&0&1&0\\3&1&2&1&0&0\end{pmatrix}$$

$$\xrightarrow[r_3-3r_1]{r_2-2r_1}\begin{pmatrix}1&0&1&0&0&1\\0&-1&-2&0&1&-2\\0&1&-1&1&0&-3\end{pmatrix}\xrightarrow{r_3+r_2}\begin{pmatrix}1&0&1&0&0&1\\0&-1&-2&0&1&-2\\0&0&-3&1&1&5\end{pmatrix}$$

$$\xrightarrow[-\frac{1}{3}r_3]{-r_2}\begin{pmatrix}1&0&1&0&0&1\\0&1&2&0&-1&2\\0&0&1&-\frac{1}{3}&-\frac{1}{3}&\frac{5}{3}\end{pmatrix}\xrightarrow[r_1-r_3]{r_2-2r_3}\begin{pmatrix}1&0&0&\frac{1}{3}&\frac{1}{3}&-\frac{2}{3}\\0&1&0&\frac{2}{3}&-\frac{1}{3}&-\frac{4}{3}\\0&0&1&-\frac{1}{3}&-\frac{1}{3}&\frac{5}{3}\end{pmatrix}$$

所以

$$A^{-1}=\begin{pmatrix}\frac{1}{3}&\frac{1}{3}&-\frac{2}{3}\\\frac{2}{3}&-\frac{1}{3}&-\frac{4}{3}\\-\frac{1}{3}&-\frac{1}{3}&\frac{5}{3}\end{pmatrix}$$

或者写成

$$A^{-1}=\frac{1}{3}\begin{pmatrix}1&1&-2\\2&-1&-4\\-1&-1&5\end{pmatrix}$$

**例 2.19** 已知$\begin{pmatrix}-2&1&1\\0&2&-1\\1&-1&0\end{pmatrix}\boldsymbol{X}=\begin{pmatrix}0&1\\2&-1\\-1&0\end{pmatrix}$，用初等变换求矩阵 $\boldsymbol{X}$.

**解** 记$\boldsymbol{A}=\begin{pmatrix}-2&1&1\\0&2&-1\\1&-1&0\end{pmatrix}$，$\boldsymbol{B}=\begin{pmatrix}0&1\\2&-1\\-1&0\end{pmatrix}$.

因为 $\boldsymbol{AX}=\boldsymbol{B}\Rightarrow\boldsymbol{X}=\boldsymbol{A}^{-1}\boldsymbol{B}$，所以先构造矩阵$(\boldsymbol{A},\boldsymbol{B})$，然后对它作初等行变换，把 $\boldsymbol{A}$ 的部分变成 $\boldsymbol{E}$、$\boldsymbol{B}$ 的部分即为所求.

$$(\boldsymbol{A},\boldsymbol{B})=\begin{pmatrix}-2&1&1&0&1\\0&2&-1&2&-1\\1&-1&0&-1&0\end{pmatrix}\xrightarrow{r_1\leftrightarrow r_3}\begin{pmatrix}1&-1&0&-1&0\\0&2&-1&2&-1\\-2&1&1&0&1\end{pmatrix}$$

$$\xrightarrow{r_3+2r_1}\begin{pmatrix}1&-1&0&-1&0\\0&2&-1&2&-1\\0&-1&1&-2&1\end{pmatrix}\xrightarrow{r_2+r_3}\begin{pmatrix}1&-1&0&-1&0\\0&1&0&0&0\\0&-1&1&-2&1\end{pmatrix}$$

$$\xrightarrow[r_3+r_2]{r_1+r_2}\begin{pmatrix}1&0&0&-1&0\\0&1&0&0&0\\0&0&1&-2&1\end{pmatrix}$$

因此

$$\boldsymbol{X}=\boldsymbol{A}^{-1}\boldsymbol{B}=\begin{pmatrix}-1&0\\0&0\\-2&1\end{pmatrix}$$

如果 $\boldsymbol{AX}=\boldsymbol{B}$ 中的 $\boldsymbol{B}$ 是一个列矩阵，那么 $\boldsymbol{AX}=\boldsymbol{B}$ 是一个线性方程组. 也就是 $\boldsymbol{A}$ 可逆时，可以用这种方法求解线性方程组.

**注** 逆矩阵的计算方法有初等变换和伴随矩阵两种，初等变换法为基本方法，四阶以上的矩阵一般用初等变换法.

# 习题 2.4

1. 设 $\boldsymbol{A}=\begin{pmatrix}1&2&3\\2&2&1\\3&4&3\end{pmatrix}$，求 $\boldsymbol{A}^{-1}$.

2. 设 $\boldsymbol{A}=\begin{pmatrix}1&0&1\\2&1&0\\-3&2&-5\end{pmatrix}$，求 $(\boldsymbol{E}-\boldsymbol{A})^{-1}$.

3. 求下面 $n$ 阶方阵的逆阵：

$$\boldsymbol{A}=\begin{pmatrix} & & & a_1\\ & & a_2 & \\ & \iddots & & \\ a_n & & & \end{pmatrix},\ a_i\neq 0(i=1,2,\cdots,n).$$

$\boldsymbol{A}$ 中空白处表示为零.

4. 求矩阵 $\boldsymbol{X}$，使 $\boldsymbol{AX}=\boldsymbol{B}$，其中 $\boldsymbol{A}=\begin{pmatrix}1&2&3\\2&2&1\\3&4&3\end{pmatrix}$，$\boldsymbol{B}=\begin{pmatrix}2&5\\3&1\\4&3\end{pmatrix}$.

5. 求解矩阵方程 $\boldsymbol{AX}=\boldsymbol{A}+\boldsymbol{X}$，其中 $\boldsymbol{A}=\begin{pmatrix}2&2&0\\2&1&3\\0&1&0\end{pmatrix}$.

6. 求解矩阵方程 $\boldsymbol{XA}=\boldsymbol{A}+2\boldsymbol{X}$，其中 $\boldsymbol{A}=\begin{pmatrix}4&2&3\\1&1&0\\-1&2&3\end{pmatrix}$.

# 第5节 矩阵的秩

## 一、矩阵秩的定义及性质

### 1. 矩阵秩的定义

**定义 2.14** 从矩阵 $\boldsymbol{A}_{m\times n}$ 中任取 $k$ 行和 $k$ 列，用交叉位置上的元素并且保持相对位置不变，组成的 $k$ 阶行列式称为矩阵的一个 $k$ 阶子式.

**注意** (1) 子式不是矩阵而是行列式，每个子式都有一个值；

(2) $k$ 阶子式有 $C_m^k C_n^k$ 个；

(3) 当所有 $k$ 阶子式都等于零时，$k+1$ 及以上阶数的子式都等于零；

(4) $\boldsymbol{A}_{m\times n}$ 的子式的最高阶数为 $\min(m, n)$.

**定义 2.15** 矩阵 $\boldsymbol{A}$ 的不为零子式的最高阶数 $r$ 称为矩阵 $\boldsymbol{A}$ 的秩. 也就是说 $\boldsymbol{A}$ 至少有一个 $r$ 阶的子式不为零，而所有的 $r+1$ 阶子式都是零. 记作 $r(\boldsymbol{A})=r$. 规定，零矩阵的秩等于零.

**定义 2.16** 如果矩阵 $\boldsymbol{A}_{m\times n}$ 的秩 $r(\boldsymbol{A}_{m\times n})=m$(或($r(\boldsymbol{A}_{m\times n})=n$))，则称矩阵 $\boldsymbol{A}_{m\times n}$ 为行(列)满秩矩阵. 如果 $n$ 阶方阵的秩等于它的阶数 $n$，则称其为满秩方阵；如果小于它的阶数 $n$，则称其为降秩方阵.

可逆矩阵是满秩矩阵，即 $n$ 阶可逆矩阵 $\boldsymbol{A}$ 的秩 $r(\boldsymbol{A})=n$，它的唯一 $n$ 阶子式 $|\boldsymbol{A}|\neq 0$.

根据定义求矩阵 $\boldsymbol{A}_{m\times n}$ 的秩的方法如下：

(1) 从小到大：如果有一个 1 阶子式不等于零，就考察 2 阶子式；如果有一个 2 阶子式不等于零，就考察 3 阶子式；……，直到发现所有 $r$ 阶子式都等于零为止，得到 $r(\boldsymbol{A})=r-1$.

(2) 从大到小：如果有一个 $N=\min(m, n)$阶子式不等于零，那么 $r(\boldsymbol{A})=N$；如果所有的 $N$ 阶子式都等于零，就考察 $N-1$ 阶子式；如果所有的 $N-1$ 阶子式都等于零，就考察 $N-2$ 阶子式；……，直到找到一个不为零的子式为止，这个子式的阶数 $r$ 就是矩阵的秩，即 $r(\boldsymbol{A})=r$.

一般来说，用定义求秩比较难，因为要计算许多行列式的值. 但阶梯形矩阵的秩就是它的非零行的行数.

### 2. 矩阵的性质

(1) 矩阵的秩是唯一的；

(2) $r(\boldsymbol{A}_{m\times n})\leqslant\min(m, n)$；

(3) $r(\boldsymbol{A})=r(\boldsymbol{A}^{\mathrm{T}})$，$r(k\boldsymbol{A})=r(\boldsymbol{A})(k\neq 0)$.

## 二、初等变换求矩阵的秩

**定理 2.6** 如果 $\boldsymbol{A}\sim\boldsymbol{B}$，那么 $r(\boldsymbol{A})=r(\boldsymbol{B})$，即初等变换不改变矩阵的秩.

定理 2.6 表明用初等变换可以求矩阵的秩：对矩阵 **A** 作初等行变换将其化为阶梯形矩阵，阶梯形矩阵的非零行行数就是矩阵 **A** 的秩；也可以类似地对 **A** 作初等列变换来求它的秩.

**例 2.20** 求下列矩阵的秩.

(1) $\boldsymbol{A}=\begin{pmatrix}4 & 1 & -1\\ 0 & 2 & 2\\ 1 & 3 & 5\end{pmatrix}$;

(2) $\boldsymbol{B}=\begin{pmatrix}3 & 2 & 0 & 5 & 0\\ 3 & -2 & 3 & 6 & -1\\ 2 & 0 & 1 & 5 & -3\\ 1 & 6 & -4 & -1 & 4\end{pmatrix}$.

**解** (1) 由于 **A** 的阶数不高，又是方阵，所以直接计算最高阶子式，即 **A** 的行列式的值.

因为

$$|\boldsymbol{A}|=\begin{vmatrix}4 & 1 & -1\\ 0 & 2 & 2\\ 1 & 3 & 5\end{vmatrix}=20\neq 0$$

所以 $r(\boldsymbol{A})=3$.

(2) 对于矩阵 **B**，我们用初等变换求其秩：

$$\boldsymbol{B}=\begin{pmatrix}3 & 2 & 0 & 5 & 0\\ 3 & -2 & 3 & 6 & -1\\ 2 & 0 & 1 & 5 & -3\\ 1 & 6 & -4 & -1 & 4\end{pmatrix}\xrightarrow{r_1\leftrightarrow r_4}\begin{pmatrix}1 & 6 & -4 & -1 & 4\\ 3 & -2 & 3 & 6 & -1\\ 2 & 0 & 1 & 5 & -3\\ 3 & 2 & 0 & 5 & 0\end{pmatrix}$$

$$\xrightarrow[\substack{r_3-2r_1\\ r_4-3r_1}]{r_2-r_4}\begin{pmatrix}1 & 6 & -4 & -1 & 4\\ 0 & -4 & 3 & 1 & -1\\ 0 & -12 & 9 & 7 & -11\\ 0 & -16 & 12 & 8 & -12\end{pmatrix}\xrightarrow[r_4-4r_2]{r_3-3r_2}\begin{pmatrix}1 & 6 & -4 & -1 & 4\\ 0 & -4 & 3 & 1 & -1\\ 0 & 0 & 0 & 4 & -8\\ 0 & 0 & 0 & 4 & -8\end{pmatrix}$$

$$\xrightarrow{r_4-r_3}\begin{pmatrix}1 & 6 & -4 & -1 & 4\\ 0 & -4 & 3 & 1 & -1\\ 0 & 0 & 0 & 4 & -8\\ 0 & 0 & 0 & 0 & 0\end{pmatrix}=\boldsymbol{B}_1$$

因此，矩阵 $\boldsymbol{B}$ 中不等于零的子式最高阶数是 3 阶，而 $\boldsymbol{B}$ 的 3 阶子式有 $C_4^3C_5^3=40$ 个，那一个不为零呢？由于 $\boldsymbol{B}_1$ 中的 3 个首元位于 1，2，3 行和 1，2，4 列，考察矩阵 $\boldsymbol{B}$ 中位于同样位置的元素组成一个 3 阶子式，这个子式即为所求：

$$\begin{vmatrix}3 & 2 & 5\\3 & -2 & 6\\2 & 0 & 5\end{vmatrix}=-16\neq 0$$

所以 $r(\boldsymbol{B})=3$.

**例 2.21** 问 $\lambda$ 为何值时，矩阵 $\boldsymbol{A}=\begin{pmatrix}\lambda & 1 & 1\\1 & \lambda & 1\\1 & 1 & \lambda\end{pmatrix}$ 与 $\boldsymbol{B}=\begin{pmatrix}\lambda & 1 & 1 & 1\\1 & \lambda & 1 & \lambda\\1 & 1 & \lambda & \lambda^2\end{pmatrix}$ 的秩相同？

**解** 矩阵 $\boldsymbol{A}$ 是 $\boldsymbol{B}$ 的前 3 列，对 $\boldsymbol{B}$ 作初等行变换将其化为阶梯形矩阵，意味着对 $\boldsymbol{A}$ 也作了初等行变换且将其化为阶梯形矩阵：

$$\boldsymbol{B}=\begin{pmatrix}\lambda & 1 & 1 & 1\\1 & \lambda & 1 & \lambda\\1 & 1 & \lambda & \lambda^2\end{pmatrix}\xrightarrow{r_1\leftrightarrow r_3}\begin{pmatrix}1 & 1 & \lambda & \lambda^2\\1 & \lambda & 1 & \lambda\\\lambda & 1 & 1 & 1\end{pmatrix}$$

$$\xrightarrow[r_3-\lambda r_1]{r_2-r_1}\begin{pmatrix}1 & 1 & \lambda & \lambda^2\\0 & \lambda-1 & 1-\lambda & \lambda-\lambda^2\\0 & 1-\lambda & 1-\lambda^2 & 1-\lambda^3\end{pmatrix}$$

$$\xrightarrow{r_3+r_2}\begin{pmatrix}1 & 1 & \lambda & \lambda^2\\0 & \lambda-1 & 1-\lambda & \lambda(1-\lambda)\\0 & 0 & (2+\lambda)(1-\lambda) & (1-\lambda)(1+\lambda)^2\end{pmatrix}=\boldsymbol{B}_1$$

观察矩阵 $\boldsymbol{B}_1$：

当 $\lambda=1$ 时，$r(\boldsymbol{A})=r(\boldsymbol{B})=1$；

当 $\lambda=-2$ 时，$r(\boldsymbol{A})=2$，$r(\boldsymbol{B})=3$；

当 $\lambda\neq-2$ 且 $\lambda\neq1$ 时，$r(\boldsymbol{A})=r(\boldsymbol{B})=3$.

综上所述，当 $\lambda\neq-2$ 时，$r(\boldsymbol{A})=r(\boldsymbol{B})$.

## 习题 2.5

1. 在秩是 $r$ 的矩阵中，有没有等于 0 的 $r-1$ 阶子式？有没有等于 0 的 $r$ 阶子式？举例说明.

2. 利用初等行变换求下列矩阵的秩.

(1) $\begin{pmatrix} 3 & 1 & 0 & 2 \\ 1 & -1 & 2 & -1 \\ 1 & 3 & -4 & 4 \end{pmatrix}$;

(2) $\begin{pmatrix} 3 & 2 & -1 & -3 & -2 \\ 2 & -1 & 3 & 1 & -3 \\ 7 & 0 & 5 & -1 & -8 \end{pmatrix}$;

(3) $\begin{pmatrix} 2 & 3 & 1 & -3 & -7 \\ 1 & 2 & 0 & -2 & -4 \\ 3 & -2 & 8 & 3 & 0 \\ 2 & -3 & 7 & 4 & 3 \end{pmatrix}$.

3. 设 $\boldsymbol{A}=\begin{pmatrix} 1 & -2 & 3\lambda \\ -1 & 2\lambda & -3 \\ \lambda & -2 & 3 \end{pmatrix}$，求分别满足下列条件的 $\lambda$ 的值.

(1) $r(\boldsymbol{A})=1$;

(2) $r(\boldsymbol{A})=2$;

(3) $r(\boldsymbol{A})=3$.

# 第 3 章

# $n$ 维向量与线性方程组

3

# 第1节 向量组及其线性组合

## 一、n 维向量的概念

向量这一概念是由物理学和工程技术抽象出来的，反过来，向量的理论和方法，又成为解决物理学和工程技术的重要工具，向量之所以有用，关键是它具有一套良好的运算性质，通过向量可把空间图形的性质转化为向量的运算，这样通过向量就能较容易地研究空间的直线和平面的各种有关问题.

**定义 3.1** 由 $n$ 个数 $a_1, a_2, \cdots, a_n$ 组成的有序数组 $(a_1, a_2, \cdots, a_n)$ 称为一个 $n$ 维向量，数 $a_i$ 称为向量的第 $i$ 个分量 $(i=1, 2, \cdots, n)$.

**注** 在解析几何中，我们把"既有大小又有方向的量"称为向量，并把可随意平行移动的有向线段作为向量的几何形象. 引入坐标系后，又定义了向量的坐标表示式(三个有次序实数)，此即上面定义的 3 维向量. 因此，当 $n\leqslant 3$ 时，$n$ 维向量可以把有向线段作为其几何形象. 当 $n>3$ 时，$n$ 维向量没有直观的几何形象.

向量可以写成一行：$(a_1, a_2, \cdots, a_n)$；也可以写成一列：$\begin{pmatrix} a_1 \\ a_2 \\ \vdots \\ a_n \end{pmatrix}$.

向量写成一行时称为行向量，写成一列时称为列向量. 向量常用字母 $\boldsymbol{\alpha}, \boldsymbol{\beta}, \boldsymbol{\gamma}$ 等表示.

若干个同维数的列向量(或行向量)所组成的集合称为向量组. 例如，一个 $m\times n$ 矩阵

$$\boldsymbol{A}=\begin{pmatrix} a_{11} & a_{12} & \cdots & a_{1n} \\ a_{21} & a_{22} & \cdots & a_{2n} \\ \vdots & \vdots & & \vdots \\ a_{m1} & a_{m2} & \cdots & a_{mn} \end{pmatrix}$$

每一列

$$\boldsymbol{\alpha}_j=\begin{pmatrix} a_{1j} \\ a_{2j} \\ \vdots \\ a_{mj} \end{pmatrix} \quad (j=1, 2, \cdots, n)$$

组成的向量组 $\boldsymbol{\alpha}_1, \boldsymbol{\alpha}_2, \cdots, \boldsymbol{\alpha}_n$ 称为矩阵 $\boldsymbol{A}$ 的列向量组，而由矩阵 $\boldsymbol{A}$ 的每一行 $\boldsymbol{\beta}_i=(a_{i1}, a_{i2}, \cdots, a_{in})(i=1, 2, \cdots, m)$，组成的向量组 $\boldsymbol{\beta}_1, \boldsymbol{\beta}_2, \cdots, \boldsymbol{\beta}_m$ 称为矩阵 $\boldsymbol{A}$ 的行向量组.

根据上述讨论，矩阵 $\boldsymbol{A}$ 记为 $\boldsymbol{A}=(\boldsymbol{\alpha}_1, \boldsymbol{\alpha}_2, \cdots, \boldsymbol{\alpha}_n)$ 或 $\boldsymbol{A}=\begin{pmatrix}\boldsymbol{\beta}_1\\ \boldsymbol{\beta}_2\\ \vdots\\ \boldsymbol{\beta}_n\end{pmatrix}$.

这样，矩阵 $\boldsymbol{A}$ 就与其列向量组或行向量组之间建立了一一对应关系.

矩阵的列向量组和行向量组都是只含有限个向量的向量组，而线性方程组 $\boldsymbol{A}_{m\times n}\boldsymbol{X}=\boldsymbol{0}$ 的全体解当 $r(\boldsymbol{A})<n$ 时是一个含有无限多个 $n$ 维列向量的向量组.

我们规定：

(1) 分量全为零的向量，称为零向量，记作 $\boldsymbol{0}$，即 $\boldsymbol{0}=(0, 0, \cdots, 0)$.

(2) 向量 $\boldsymbol{\alpha}=(a_1, a_2, \cdots, a_n)$ 各分量的相反数组成的向量称为 $\boldsymbol{\alpha}$ 的负向量，记作 $-\boldsymbol{\alpha}$，即 $-\boldsymbol{\alpha}=(-a_1, -a_2, \cdots, -a_n)$.

(3) 如果 $\boldsymbol{\alpha}=(a_1, a_2, \cdots, a_n)$，$\boldsymbol{\beta}=(b_1, b_2, \cdots, b_n)$，当 $a_i=b_i(i=1, 2, \cdots, n)$ 时，则称这两个向量相等，记作 $\boldsymbol{\alpha}=\boldsymbol{\beta}$.

**定义 3.2**　设两个 $n$ 维向量 $\boldsymbol{\alpha}=(a_1, a_2, \cdots, a_n)$，$\boldsymbol{\beta}=(b_1, b_2, \cdots, b_n)$，定义向量 $\boldsymbol{\alpha}$，$\boldsymbol{\beta}$ 的和：$\boldsymbol{\alpha}+\boldsymbol{\beta}=(a_1+b_1, a_2+b_2, \cdots, a_n+b_n)$；$\boldsymbol{\alpha}$，$\boldsymbol{\beta}$ 的差：$\boldsymbol{\alpha}-\boldsymbol{\beta}=(a_1-b_1, a_2-b_2, \cdots, a_n-b_n)$. 若存在常数 $k$，则常数与向量 $\boldsymbol{\alpha}$ 的数乘 $k\boldsymbol{\alpha}=(ka_1, ka_2, \cdots, ka_n)$.

向量的加法及数与向量的乘法统称为向量的线性运算.

**注**　向量的线性运算与行(列)矩阵的运算规律相同，从而也满足下列运算规律：

(1) $\boldsymbol{\alpha}+\boldsymbol{\beta}=\boldsymbol{\beta}+\boldsymbol{\alpha}$；

(2) $(\boldsymbol{\alpha}+\boldsymbol{\beta})+\boldsymbol{\gamma}=\boldsymbol{\alpha}+(\boldsymbol{\beta}+\boldsymbol{\gamma})$；

(3) $\boldsymbol{\alpha}+\boldsymbol{0}=\boldsymbol{\alpha}$；

(4) $\boldsymbol{\alpha}+(-\boldsymbol{\alpha})=\boldsymbol{0}$；

(5) $1\boldsymbol{\alpha}=\boldsymbol{\alpha}$；

(6) $k(l\boldsymbol{\alpha})=(kl)\boldsymbol{\alpha}$；

(7) $k(\boldsymbol{\alpha}+\boldsymbol{\beta})=k\boldsymbol{\alpha}+k\boldsymbol{\beta}$；

(8) $(k+l)\boldsymbol{\alpha}=k\boldsymbol{\alpha}+l\boldsymbol{\alpha}$.

**例 3.1**　设 $\boldsymbol{\alpha}_1=(2, -4, 1, -1)^{\mathrm{T}}$，$\boldsymbol{\alpha}_2=(-3, -1, 2, -5/2)^{\mathrm{T}}$，如果向量满足 $3\boldsymbol{\alpha}_1-2(\boldsymbol{\beta}+\boldsymbol{\alpha}_2)=\boldsymbol{0}$，求 $\boldsymbol{\beta}$.

**解**　由题设条件，有 $3\boldsymbol{\alpha}_1-2\boldsymbol{\beta}-2\boldsymbol{\alpha}_2=\boldsymbol{0}$，则

$$\begin{aligned}\boldsymbol{\beta}&=-\frac{1}{2}(2\boldsymbol{\alpha}_2-3\boldsymbol{\alpha}_1)=-\boldsymbol{\alpha}_2+\frac{3}{2}\boldsymbol{\alpha}_1=-\left(-3, -1, 2, -\frac{5}{2}\right)^{\mathrm{T}}+\frac{3}{2}(2, -4, 1, -1)^{\mathrm{T}}\\&=\left(6, -5, -\frac{1}{2}, 1\right)^{\mathrm{T}}.\end{aligned}$$

**例 3.2**　设 $\boldsymbol{\alpha}=(2, 0, -1, 3)^{\mathrm{T}}$，$\boldsymbol{\beta}=(1, 7, 4, -2)^{\mathrm{T}}$，$\boldsymbol{\gamma}=(0, 1, 0, 1)^{\mathrm{T}}$.

(1) 求 $2\boldsymbol{\alpha}+\boldsymbol{\beta}-3\boldsymbol{\gamma}$；

(2) 若有 $\boldsymbol{x}$，满足 $3\boldsymbol{\alpha}-\boldsymbol{\beta}+5\boldsymbol{\gamma}+2\boldsymbol{x}=\boldsymbol{0}$，求 $\boldsymbol{x}$.

**解** (1)
$$\begin{aligned}2\boldsymbol{\alpha}+\boldsymbol{\beta}-3\boldsymbol{\gamma}&=2(2,0,-1,3)^{\mathrm{T}}+(1,7,4,-2)^{\mathrm{T}}-3(0,1,0,1)^{\mathrm{T}}\\&=(5,4,2,1)^{\mathrm{T}}\end{aligned}$$

(2) 由 $3\boldsymbol{\alpha}-\boldsymbol{\beta}+5\boldsymbol{\gamma}+2\boldsymbol{x}=\boldsymbol{0}$，得

$$\begin{aligned}\boldsymbol{x}&=\frac{1}{2}(-3\boldsymbol{\alpha}+\boldsymbol{\beta}-5\boldsymbol{\gamma})=\frac{1}{2}[-3(2,0,-1,3)^{\mathrm{T}}+(1,7,4,-2)^{\mathrm{T}}-5(0,1,0,1)^{\mathrm{T}}]\\&=\left(-\frac{5}{2},1,\frac{7}{2},-8\right)^{\mathrm{T}}\end{aligned}$$

## 二、向量组的线性组合

**定义 3.3** 设有 $n$ 维向量组 $\boldsymbol{\alpha}_1,\boldsymbol{\alpha}_2,\cdots,\boldsymbol{\alpha}_m$，对于向量 $\boldsymbol{\beta}$，如果存在一组数 $k_1,k_2,\cdots,k_m$，使得 $\boldsymbol{\beta}=k_1\boldsymbol{\alpha}_1+k_2\boldsymbol{\alpha}_2+\cdots+k_m\boldsymbol{\alpha}_m$，则称 $\boldsymbol{\beta}$ 是 $\boldsymbol{\alpha}_1,\boldsymbol{\alpha}_2,\cdots,\boldsymbol{\alpha}_m$ 的线性组合，也称 $\boldsymbol{\beta}$ 可由 $\boldsymbol{\alpha}_1,\boldsymbol{\alpha}_2,\cdots,\boldsymbol{\alpha}_m$ 线性表示，$k_1,k_2,\cdots,k_m$ 称为这个线性组合的系数.

**例 3.3** 设 $\boldsymbol{\beta}=\begin{pmatrix}1\\1\\1\end{pmatrix}$，$\boldsymbol{\alpha}_1=\begin{pmatrix}0\\1\\-1\end{pmatrix}$，$\boldsymbol{\alpha}_2=\begin{pmatrix}1\\1\\0\end{pmatrix}$，$\boldsymbol{\alpha}_3=\begin{pmatrix}1\\0\\2\end{pmatrix}$，问 $\boldsymbol{\beta}$ 能否由 $\boldsymbol{\alpha}_1,\boldsymbol{\alpha}_2,\boldsymbol{\alpha}_3$ 线性表示？若能，写出表达式.

**解** 设 $\boldsymbol{\beta}=k_1\boldsymbol{\alpha}_1+k_2\boldsymbol{\alpha}_2+k_3\boldsymbol{\alpha}_3$，即

$$\begin{pmatrix}1\\1\\1\end{pmatrix}=k_1\begin{pmatrix}0\\1\\-1\end{pmatrix}+k_2\begin{pmatrix}1\\1\\0\end{pmatrix}+k_3\begin{pmatrix}1\\0\\2\end{pmatrix}$$

写出方程组的形式为

$$\begin{cases}0+k_2+k_3=1\\k_1+k_2+0=1\\-k_1+0+2k_3=1\end{cases}$$

由克莱姆法则求得 $k_1=1$，$k_2=0$，$k_3=1$，因此 $\boldsymbol{\beta}$ 能由 $\boldsymbol{\alpha}_1,\boldsymbol{\alpha}_2,\boldsymbol{\alpha}_3$ 线性表示，表达式为 $\boldsymbol{\beta}=\boldsymbol{\alpha}_1+\boldsymbol{\alpha}_3$.

我们除了用定义来判断一个向量是否可以用另一个向量组线性表示，还可以通过以下定理来判断.

**定理 3.1** 向量 $\boldsymbol{\beta}$ 可由向量组 $\boldsymbol{A}$：$\boldsymbol{\alpha}_1,\boldsymbol{\alpha}_2,\cdots,\boldsymbol{\alpha}_m$ 线性表示的充分必要条件是：矩阵 $\boldsymbol{A}=(\boldsymbol{\alpha}_1,\boldsymbol{\alpha}_2,\cdots,\boldsymbol{\alpha}_m)$ 与矩阵 $\boldsymbol{B}=(\boldsymbol{\alpha}_1,\boldsymbol{\alpha}_2,\cdots,\boldsymbol{\alpha}_m,\boldsymbol{\beta})$ 的秩相等.

## 三、向量组间的线性表示

**定义 3.4** 设有两向量组

$$A: \boldsymbol{\alpha}_1, \boldsymbol{\alpha}_2, \cdots, \boldsymbol{\alpha}_s; \qquad B: \boldsymbol{\beta}_1, \boldsymbol{\beta}_2, \cdots, \boldsymbol{\beta}_t,$$

若向量组 $\boldsymbol{B}$ 中的每一个向量都能由向量组 $\boldsymbol{A}$ 线性表示，则称向量组 $\boldsymbol{B}$ 能由向量组 $\boldsymbol{A}$ 线性表示. 若向量组 $\boldsymbol{A}$ 与向量组 $\boldsymbol{B}$ 能相互线性表示，则称这两个向量组等价.

按定义，若向量组 $\boldsymbol{B}$ 能由向量组 $\boldsymbol{A}$ 线性表示，则存在

$$k_{1j}, k_{2j}, \cdots, k_{sj} (j=1, 2, \cdots, t)$$

使

$$\boldsymbol{\beta}_j = k_{1j}\boldsymbol{\alpha}_1 + k_{2j}\boldsymbol{\alpha}_2 + \cdots + k_{sj}\boldsymbol{\alpha}_s = (\boldsymbol{\alpha}_1, \boldsymbol{\alpha}_2, \cdots, \boldsymbol{\alpha}_s)\begin{pmatrix} k_{1j} \\ k_{2j} \\ \vdots \\ k_{sj} \end{pmatrix}$$

所以

$$(\boldsymbol{\beta}_1, \boldsymbol{\beta}_2, \cdots, \boldsymbol{\beta}_t) = (\boldsymbol{\alpha}_1, \boldsymbol{\alpha}_2, \cdots, \boldsymbol{\alpha}_s)\begin{pmatrix} k_{11} & k_{12} & \cdots & k_{1t} \\ k_{21} & k_{22} & \cdots & k_{2t} \\ \vdots & \vdots & & \vdots \\ k_{s1} & k_{s2} & \cdots & k_{st} \end{pmatrix}$$

其中矩阵 $\boldsymbol{K}_{s\times t} = (k_{ij})_{s\times t}$ 称为这一线性表示的系数矩阵.

**引理 3.1**　若 $\boldsymbol{C}_{s\times n} = \boldsymbol{A}_{s\times t}\boldsymbol{B}_{t\times n}$，则矩阵 $\boldsymbol{C}$ 的列向量组能由矩阵 $\boldsymbol{A}$ 的列向量组线性表示，$\boldsymbol{B}$ 为这一表示的系数矩阵. 而矩阵 $\boldsymbol{C}$ 的行向量组能由 $\boldsymbol{B}$ 的行向量组线性表示，$\boldsymbol{A}$ 为这一表示的系数矩阵.

**定理 3.2**　若向量组 $\boldsymbol{A}$ 可由向量组 $\boldsymbol{B}$ 线性表示，向量组 $\boldsymbol{B}$ 可由向量组 $\boldsymbol{C}$ 线性表示，则向量组 $\boldsymbol{A}$ 可由向量组 $\boldsymbol{C}$ 线性表示.

**例 3.4**　证明向量 $\boldsymbol{\beta}=(-1, 1, 5)$ 是向量 $\boldsymbol{\alpha}_1=(1, 2, 3)$，$\boldsymbol{\alpha}_2=(0, 1, 4)$，$\boldsymbol{\alpha}_3=(2, 3, 6)$ 的线性组合，并将 $\boldsymbol{\beta}$ 用 $\boldsymbol{\alpha}_1$，$\boldsymbol{\alpha}_2$，$\boldsymbol{\alpha}_3$ 表示出来.

**证明**　先假定 $\boldsymbol{\beta}=\lambda_1\boldsymbol{\alpha}_1+\lambda_2\boldsymbol{\alpha}_2+\lambda_3\boldsymbol{\alpha}_3$，其中 $\lambda_1$，$\lambda_2$，$\lambda_3$ 为待定常数，则

$$\begin{aligned}(-1, 1, 5) &= \lambda_1(1, 2, 3)+\lambda_2(0, 1, 4)+\lambda_3(2, 3, 6) \\ &= (\lambda_1, 2\lambda_1, 3\lambda_1)+(0, \lambda_2, 4\lambda_2)+(2\lambda_3, 3\lambda_3, 6\lambda_3) \\ &= (\lambda_1+2\lambda_3, 2\lambda_1+\lambda_2+3\lambda_3, 3\lambda_1+4\lambda_2+6\lambda_3)\end{aligned}$$

由于两个向量相等的充要条件是它们的分量分别对应相等，因此可得方程组

$$\begin{cases} \lambda_1+2\lambda_3=-1 \\ 2\lambda_1+\lambda_2+3\lambda_3=1 \\ 3\lambda_1+4\lambda_2+6\lambda_3=5 \end{cases}$$

解得

$$\begin{cases} \lambda_1=1 \\ \lambda_2=2 \\ \lambda_3=-1 \end{cases}$$

于是$\boldsymbol{\beta}$可以表示为$\boldsymbol{\alpha}_1$，$\boldsymbol{\alpha}_2$，$\boldsymbol{\alpha}_3$的线性组合，它的表示式为$\boldsymbol{\beta}=\boldsymbol{\alpha}_1+2\boldsymbol{\alpha}_2-\boldsymbol{\alpha}_3$.

## 习题 3.1

1. 设$\boldsymbol{v}_1=(1,1,0)^{\mathrm{T}}$，$\boldsymbol{v}_2=(0,1,1)^{\mathrm{T}}$，$\boldsymbol{v}_3=(3,4,0)^{\mathrm{T}}$，求$\boldsymbol{v}_1-\boldsymbol{v}_2$及$3\boldsymbol{v}_1+2\boldsymbol{v}_2-\boldsymbol{v}_3$.

2. 设$3(\boldsymbol{\alpha}_1-\boldsymbol{\alpha})+2(\boldsymbol{\alpha}_2+\boldsymbol{\alpha})=5(\boldsymbol{\alpha}_3+\boldsymbol{\alpha})$，其中$\boldsymbol{\alpha}_1=(2,5,1,3)^{\mathrm{T}}$，$\boldsymbol{\alpha}_2=(10,1,5,10)^{\mathrm{T}}$，$\boldsymbol{\alpha}_3=(4,1,-1,1)^{\mathrm{T}}$，求$\boldsymbol{\alpha}$.

3. 试问下列向量$\boldsymbol{\beta}$能否由其余向量线性表示？若能，写出其线性表示式.

(1) $\boldsymbol{\alpha}_1=(1,2)^{\mathrm{T}}$，$\boldsymbol{\alpha}_2=(-1,0)^{\mathrm{T}}$，$\boldsymbol{\beta}=(3,4)^{\mathrm{T}}$；

(2) $\boldsymbol{\alpha}_1=(1,0,2)^{\mathrm{T}}$，$\boldsymbol{\alpha}_2=(2,-8,0)^{\mathrm{T}}$，$\boldsymbol{\beta}=(1,2,-1)^{\mathrm{T}}$.

4. 设有向量$\boldsymbol{\alpha}_1=\begin{pmatrix}1+\lambda\\1\\1\end{pmatrix}$，$\boldsymbol{\alpha}_2=\begin{pmatrix}1\\1+\lambda\\1\end{pmatrix}$，$\boldsymbol{\alpha}_3=\begin{pmatrix}1\\1\\1+\lambda\end{pmatrix}$，$\boldsymbol{\beta}=\begin{pmatrix}0\\\lambda\\\lambda^2\end{pmatrix}$. 试问当$\lambda$取何值时：

(1) $\boldsymbol{\beta}$可由$\boldsymbol{\alpha}_1$，$\boldsymbol{\alpha}_2$，$\boldsymbol{\alpha}_3$线性表示，且表达式唯一？

(2) $\boldsymbol{\beta}$可由$\boldsymbol{\alpha}_1$，$\boldsymbol{\alpha}_2$，$\boldsymbol{\alpha}_3$线性表示，但表达式不唯一？

(3) $\boldsymbol{\beta}$不能由$\boldsymbol{\alpha}_1$，$\boldsymbol{\alpha}_2$，$\boldsymbol{\alpha}_3$线性表示？

# 第 2 节　向量组的线性相关性

## 一、线性相关性概念

**定义 3.5**　对 $n$ 维向量组 $\boldsymbol{\alpha}_1, \boldsymbol{\alpha}_2, \cdots, \boldsymbol{\alpha}_m$，若有数组 $k_1, k_2, \cdots, k_m$ 不全为 0，使得 $k_1\boldsymbol{\alpha}_1+k_2\boldsymbol{\alpha}_2\cdots+k_m\boldsymbol{\alpha}_m=\mathbf{0}$，则称向量组 $\boldsymbol{\alpha}_1, \boldsymbol{\alpha}_2, \cdots, \boldsymbol{\alpha}_m$ 线性相关，否则称为线性无关.

**注**　(1) 对于单个向量 $\boldsymbol{\alpha}$：若 $\boldsymbol{\alpha}=\mathbf{0}$，则 $\boldsymbol{\alpha}$ 线性相关；若 $\boldsymbol{\alpha}\neq\mathbf{0}$，则 $\boldsymbol{\alpha}$ 线性无关.

(2) 含有一个向量的向量组线性相关的充要条件是此向量为零向量；含有一个向量的向量组线性无关的充要条件是此向量为非零向量.

(3) 两个向量构成的向量组线性相关的充要条件是这两个向量对应分量成比例.

**例 3.5**　已知

$$\boldsymbol{\beta}_1=\begin{pmatrix}1\\0\\-1\end{pmatrix}, \boldsymbol{\beta}_2=\begin{pmatrix}1\\1\\1\end{pmatrix}, \boldsymbol{\beta}_3=\begin{pmatrix}3\\1\\-1\end{pmatrix}, \boldsymbol{\beta}_4\begin{pmatrix}5\\3\\1\end{pmatrix}$$

判断向量组 $\boldsymbol{\beta}_1, \boldsymbol{\beta}_2, \boldsymbol{\beta}_3, \boldsymbol{\beta}_4$ 的线性相关性.

**解**　设 $k_1\boldsymbol{\beta}_1+k_2\boldsymbol{\beta}_2+k_3\boldsymbol{\beta}_3+k_4\boldsymbol{\beta}_4=\mathbf{0}$，比较两端的对应分量可得

$$\begin{pmatrix}1&1&3&5\\0&1&1&3\\-1&1&-1&1\end{pmatrix}\begin{pmatrix}k_1\\k_2\\k_3\\k_4\end{pmatrix}=\begin{pmatrix}0\\0\\0\end{pmatrix}$$

即 $\boldsymbol{AK}=\mathbf{0}$. 因为未知量的个数是 4，而 $r(\boldsymbol{A})<4$，所以 $\boldsymbol{AK}=\mathbf{0}$ 有非零解，由定义知 $\boldsymbol{\beta}_1, \boldsymbol{\beta}_2, \boldsymbol{\beta}_3, \boldsymbol{\beta}_4$ 线性相关.

**例 3.6**　已知向量组 $\boldsymbol{\alpha}_1, \boldsymbol{\alpha}_2, \boldsymbol{\alpha}_3$ 线性无关，证明向量组 $\boldsymbol{\beta}_1=\boldsymbol{\alpha}_1+\boldsymbol{\alpha}_2$，$\boldsymbol{\beta}_2=\boldsymbol{\alpha}_2+\boldsymbol{\alpha}_3$，$\boldsymbol{\beta}_3=\boldsymbol{\alpha}_3+\boldsymbol{\alpha}_1$ 线性无关.

**证明**　设 $k_1\boldsymbol{\beta}_1+k_2\boldsymbol{\beta}_2+k_3\boldsymbol{\beta}_3=\mathbf{0}$，则有

$$(k_1+k_3)\boldsymbol{\alpha}_1+(k_1+k_2)\boldsymbol{\alpha}_2+(k_2+k_3)\boldsymbol{\alpha}_3=0$$

因为 $\boldsymbol{\alpha}_1, \boldsymbol{\alpha}_2, \boldsymbol{\alpha}_3$ 线性无关，所以

$$\begin{cases}k_1+k_3=0\\k_1+k_2=0\\k_2+k_3=0\end{cases}$$

即

$$\begin{pmatrix}1&0&1\\1&1&0\\0&1&1\end{pmatrix}\begin{pmatrix}k_1\\k_2\\k_3\end{pmatrix}=\begin{pmatrix}0\\0\\0\end{pmatrix}$$

系数行列式 $\begin{vmatrix}1&0&1\\1&1&0\\0&1&1\end{vmatrix}=2\neq0$，该齐次方程组只有零解. 故 $\boldsymbol{\beta}_1$，$\boldsymbol{\beta}_2$，$\boldsymbol{\beta}_3$ 线性无关.

**例 3.7** 判断向量组 $\boldsymbol{e}_1=(1,0,0,\cdots,0)$，$\boldsymbol{e}_2=(0,1,0,\cdots,0)$，$\cdots$，$\boldsymbol{e}_n=(0,0,\cdots,0,1)$的线性相关性.

**解** 设 $k_1\boldsymbol{e}_1+k_2\boldsymbol{e}_2+\cdots+k_n\boldsymbol{e}_n=\boldsymbol{0}$，则有

$$(k_1,k_2,\cdots,k_n)=\boldsymbol{0}\Rightarrow 只有\ k_1=0,\ k_2=0,\ \cdots,\ k_n=0$$

故 $\boldsymbol{e}_1$，$\boldsymbol{e}_2$，$\cdots$，$\boldsymbol{e}_n$ 线性无关.

## 二、线性相关性的判定

**定理 3.3** 向量组 $\boldsymbol{\alpha}_1$，$\boldsymbol{\alpha}_2$，$\cdots$，$\boldsymbol{\alpha}_m$($m\geqslant2$)线性相关的充要条件是向量组中至少有一个向量可由其余 $m-1$ 个向量线性表示.

**证明** 必要性：设 $\boldsymbol{\alpha}_1$，$\boldsymbol{\alpha}_2$，$\cdots$，$\boldsymbol{\alpha}_m$($m\geqslant2$)线性相关，则存在 $m$ 个不全为零的数 $k_1$，$k_2$，$\cdots$，$k_m$，使得 $k_1\boldsymbol{\alpha}_1+k_2\boldsymbol{\alpha}_2+\cdots+k_m\boldsymbol{\alpha}_m=\boldsymbol{0}$；不妨设 $k_m\neq0$，于是

$$\boldsymbol{\alpha}_m=-\frac{k_1}{k_m}\boldsymbol{\alpha}_1-\frac{k_2}{k_m}\boldsymbol{\alpha}_2-\cdots-\frac{k_{m-1}}{k_m}\boldsymbol{\alpha}_{m-1}$$

即 $\boldsymbol{\alpha}_m$ 能由其余向量线性表示.

充分性：设 $\boldsymbol{\alpha}_1$，$\boldsymbol{\alpha}_2$，$\cdots$，$\boldsymbol{\alpha}_m$($m\geqslant2$)中至少有一个向量能由其余向量线性表示，不妨设 $\boldsymbol{\alpha}_m=k_1\boldsymbol{\alpha}_1+k_2\boldsymbol{\alpha}_2+\cdots+k_{m-1}\boldsymbol{\alpha}_{m-1}$，则有 $k_1\boldsymbol{\alpha}_1+k_2\boldsymbol{\alpha}_2+\cdots+k_{m-1}\boldsymbol{\alpha}_{m-1}-\boldsymbol{\alpha}_m=0$.

因为 $k_1$，$k_2$，$\cdots$，$k_{m-1}$，$-1$ 不全为零，所以 $\boldsymbol{\alpha}_1$，$\boldsymbol{\alpha}_2$，$\cdots$，$\boldsymbol{\alpha}_m$ 线性相关.

**定理 3.4** 若向量组 $\boldsymbol{\alpha}_1$，$\boldsymbol{\alpha}_2$，$\cdots$，$\boldsymbol{\alpha}_m$ 线性无关，$\boldsymbol{\alpha}_1$，$\boldsymbol{\alpha}_2$，$\cdots$，$\boldsymbol{\alpha}_m$，$\boldsymbol{\beta}$ 线性相关，则 $\boldsymbol{\beta}$ 可由 $\boldsymbol{\alpha}_1$，$\boldsymbol{\alpha}_2$，$\cdots$，$\boldsymbol{\alpha}_m$ 线性表示，且表示式唯一.

**证明** 因为 $\boldsymbol{\alpha}_1$，$\boldsymbol{\alpha}_2$，$\cdots$，$\boldsymbol{\alpha}_m$，$\boldsymbol{\beta}$ 线性相关，所以存在数组 $k_1$，$k_2$，$\cdots$，$k_m$，$k$ 不全为零，使得

$$k_1\boldsymbol{\alpha}_1+k_2\boldsymbol{\alpha}_2+\cdots+k_m\boldsymbol{\alpha}_m+k\boldsymbol{\beta}=\boldsymbol{0}$$

若 $k=0$，则有

$$k_1\boldsymbol{\alpha}_1+k_2\boldsymbol{\alpha}_2+\cdots+k_m\boldsymbol{\alpha}_m=\boldsymbol{0}\Rightarrow k_1=0,\ k_2=0,\ \cdots,\ k_m=0$$

矛盾！故 $k\neq0$，从而有

$$\boldsymbol{\beta}=\left(-\frac{k_1}{k}\right)\boldsymbol{\alpha}_1+\left(-\frac{k_2}{k}\right)\boldsymbol{\alpha}_2+\cdots+\left(-\frac{k_m}{k}\right)\boldsymbol{\alpha}_m$$

下面证明表示式唯一：

若 $\boldsymbol{\beta}=k_1\boldsymbol{\alpha}_1+k_2\boldsymbol{\alpha}_2+\cdots+k_m\boldsymbol{\alpha}_m$，$\beta=l_1\boldsymbol{\alpha}_1+l_2\boldsymbol{\alpha}_2+\cdots+l_m\boldsymbol{\alpha}_m$，则有

$$(k_1-l_1)\boldsymbol{\alpha}_1+(k_2-l_2)\boldsymbol{\alpha}_2+\cdots+(k_m-l_m)\boldsymbol{\alpha}_m=\mathbf{0}$$

因为 $\boldsymbol{\alpha}_1, \boldsymbol{\alpha}_2, \cdots, \boldsymbol{\alpha}_m$ 线性无关，所以

$$k_1-l_1=0,\ k_2-l_2=0,\ \cdots,\ k_m-l_m=0\Rightarrow k_1=l_1,\ k_2=l_2,\ \cdots,\ k_m=l_m$$

即 $\boldsymbol{\beta}$ 的表示式唯一.

**定理 3.5**　$\boldsymbol{\alpha}_1, \cdots, \boldsymbol{\alpha}_r$ 线性相关$\Rightarrow\boldsymbol{\alpha}_1, \cdots, \boldsymbol{\alpha}_r, \boldsymbol{\alpha}_{r+1}, \cdots, \boldsymbol{\alpha}_m(m>r)$线性相关.

**证明**　因为 $\boldsymbol{\alpha}_1, \cdots, \boldsymbol{\alpha}_r$ 线性相关，所以存在数组 $k_1, \cdots, k_r$ 不全为零，使得

$$k_1\boldsymbol{\alpha}_1+\cdots+k_r\boldsymbol{\alpha}_r=0\Rightarrow k_1\boldsymbol{\alpha}_1+\cdots+k_r\boldsymbol{\alpha}_r+0\boldsymbol{\alpha}_{r+1}+\cdots+0\boldsymbol{\alpha}_m=0$$

数组 $k_1, \cdots, k_r, 0, \cdots, 0$ 不全为零，故 $\boldsymbol{\alpha}_1, \cdots, \boldsymbol{\alpha}_r, \boldsymbol{\alpha}_{r+1}, \cdots, \boldsymbol{\alpha}_m$ 线性相关.

**推论 3.1**　向量组线性无关⇒向量组中任意部分组成的向量组线性无关.

**定理 3.6**　向量组 $\boldsymbol{\alpha}_1, \boldsymbol{\alpha}_2, \cdots, \boldsymbol{\alpha}_m$ 线性相关的充要条件是向量组构成的矩阵 $\mathbf{A}=(a_1, a_2, \cdots, a_m)$的秩小于 $m$，即 $r(\mathbf{A})<m$；线性无关的充要条件是 $r(\mathbf{A})=m$.

由此定理可得出下面的推论：

**推论 3.2**　$n$ 个 $n$ 维向量线性无关的充要条件是它们所构成的方阵 $\mathbf{A}$ 的行列式$|\mathbf{A}|\neq0$，线性相关的充要条件是方阵 $\mathbf{A}$ 的行列式$|\mathbf{A}|=0$.

**推论 3.3**　设向量组 $\boldsymbol{\alpha}_1, \boldsymbol{\alpha}_2, \cdots, \boldsymbol{\alpha}_m$ 为 $n$ 维向量组，若 $m>n$，则 $\boldsymbol{\alpha}_1, \boldsymbol{\alpha}_2, \cdots, \boldsymbol{\alpha}_m$ 线性相关，即多于 $n$ 个的 $n$ 维向量组必线性相关.

**例 3.8**　判断下列向量组的线性相关性.

(1) $\boldsymbol{\alpha}_1=(1, 2)$，$\boldsymbol{\alpha}_2=(3, -5)$，$\boldsymbol{\alpha}_3=(4, 1)$；

(2) $\boldsymbol{\alpha}_1=(1, -1, 0, 4)$，$\boldsymbol{\alpha}_2=(2, 0, 3, 1)$，$\boldsymbol{\alpha}_3=(1, 1, 3, -3)$；

(3) $\boldsymbol{\alpha}_1=(1, 2, 3)$，$\boldsymbol{\alpha}_2=(2, 2, 1)$，$\boldsymbol{\alpha}_3=(3, 4, 3)$.

**解**　(1) 向量组中含有 3 个 2 维向量，所以 $\boldsymbol{\alpha}_1, \boldsymbol{\alpha}_2, \boldsymbol{\alpha}_3$ 必线性相关.

(2) 向量构成矩阵 $\mathbf{A}$，即

$$\mathbf{A}=\begin{pmatrix}\boldsymbol{\alpha}_1\\\boldsymbol{\alpha}_2\\\boldsymbol{\alpha}_3\end{pmatrix}=\begin{pmatrix}1&-1&0&4\\2&0&3&1\\1&1&3&-3\end{pmatrix}\to\begin{pmatrix}1&-1&0&4\\0&2&3&-7\\0&2&3&-7\end{pmatrix}\to\begin{pmatrix}1&-1&0&4\\0&2&3&-7\\0&0&0&0\end{pmatrix}$$

而 $r(\mathbf{A})=2<3$，所以 $\boldsymbol{\alpha}_1, \boldsymbol{\alpha}_2, \boldsymbol{\alpha}_3$ 线性相关.

(3) 向量构成矩阵 $\mathbf{A}$，即

$$\mathbf{A}=\begin{pmatrix}\boldsymbol{\alpha}_1\\\boldsymbol{\alpha}_2\\\boldsymbol{\alpha}_3\end{pmatrix}=\begin{pmatrix}1&2&3\\2&2&1\\3&4&3\end{pmatrix}$$

由$|\mathbf{A}|=2$，知 $r(\mathbf{A})=3$，所以 $\boldsymbol{\alpha}_1, \boldsymbol{\alpha}_2, \boldsymbol{\alpha}_3$ 线性无关.

## 习题 3.2

1. 问 $a$ 取何值时向量组 $\boldsymbol{\alpha}_1=\begin{pmatrix}a\\1\\1\end{pmatrix}$，$\boldsymbol{\alpha}_2=\begin{pmatrix}1\\a\\-1\end{pmatrix}$，$\boldsymbol{\alpha}_3=\begin{pmatrix}1\\-1\\a\end{pmatrix}$线性相关.

2. 设向量组 $\boldsymbol{\alpha}_1=(6, k+1, 3)^{\mathrm{T}}$，$\boldsymbol{\alpha}_2=(k, 2, -2)^{\mathrm{T}}$，$\boldsymbol{\alpha}_3=(k, 1, 0)^{\mathrm{T}}$.

(1) 问当 $k$ 为何值时，$\boldsymbol{\alpha}_1$，$\boldsymbol{\alpha}_2$ 线性相关？线性无关？

(2) 问当 $k$ 为何值时，$\boldsymbol{\alpha}_1$，$\boldsymbol{\alpha}_2$，$\boldsymbol{\alpha}_3$ 线性相关？线性无关？

(3) 当 $\boldsymbol{\alpha}_1$，$\boldsymbol{\alpha}_2$，$\boldsymbol{\alpha}_3$ 线性相关时，将 $\boldsymbol{\alpha}_3$ 由 $\boldsymbol{\alpha}_1$，$\boldsymbol{\alpha}_2$ 线性表示.

3. 设 $\boldsymbol{\alpha}_1=(1, 1, 1)$，$\boldsymbol{\alpha}_2=(1, 2, 3)$，$\boldsymbol{\alpha}_3=(1, 3, t)$.

(1) 问当 $t$ 为何值时，向量组 $\boldsymbol{\alpha}_1$，$\boldsymbol{\alpha}_2$，$\boldsymbol{\alpha}_3$ 线性无关？

(2) 问当 $t$ 为何值时，向量组 $\boldsymbol{\alpha}_1$，$\boldsymbol{\alpha}_2$，$\boldsymbol{\alpha}_3$ 线性相关？

(3) 当向量组 $\boldsymbol{\alpha}_1$，$\boldsymbol{\alpha}_2$，$\boldsymbol{\alpha}_3$ 线性相关时，将 $\boldsymbol{\alpha}_3$ 表示为 $\boldsymbol{\alpha}_1$ 和 $\boldsymbol{\alpha}_2$ 的线性组合.

4. 设 $\boldsymbol{\alpha}_1=\begin{pmatrix}1\\2\\3\end{pmatrix}$，$\boldsymbol{\alpha}_2=\begin{pmatrix}2\\4\\5\end{pmatrix}$，$\boldsymbol{\alpha}_3=\begin{pmatrix}3\\1\\3\end{pmatrix}$，试讨论它们的线性相关性.

## 第 3 节　向量组的秩

**定义 3.6**　设向量组为 $\boldsymbol{A}$，若：

(1) 在 $\boldsymbol{A}$ 中有 $r$ 个向量 $\boldsymbol{\alpha}_1$，$\boldsymbol{\alpha}_2$，…，$\boldsymbol{\alpha}_r$ 线性无关；

(2) 在 $\boldsymbol{A}$ 中任意 $r+1$ 个向量线性相关(如果有 $r+1$ 个向量的话)，

则称 $\boldsymbol{\alpha}_1$，$\boldsymbol{\alpha}_2$，…，$\boldsymbol{\alpha}_r$ 为向量组 $\boldsymbol{A}$ 的一个极大线性无关组，称 $r$ 为向量组 $\boldsymbol{A}$ 的秩，记作：秩$(\boldsymbol{A})=r$.

**注**　(1) 向量组中的向量都是零向量时，其秩为 0.

(2) 秩$(\boldsymbol{A})=r$ 时，$\boldsymbol{A}$ 中任意 $r$ 个线性无关的向量都是 $\boldsymbol{A}$ 的一个极大无关组.

例如，$\boldsymbol{\alpha}_1=\begin{pmatrix}1\\0\end{pmatrix}$，$\boldsymbol{\alpha}_2=\begin{pmatrix}0\\1\end{pmatrix}$，$\boldsymbol{\alpha}_3=\begin{pmatrix}1\\1\end{pmatrix}$，$\boldsymbol{\alpha}_4=\begin{pmatrix}2\\2\end{pmatrix}$的秩为 2.

$\boldsymbol{\alpha}_1$，$\boldsymbol{\alpha}_2$ 线性无关$\Rightarrow\boldsymbol{\alpha}_1$，$\boldsymbol{\alpha}_2$ 是一个极大无关组.

$\boldsymbol{\alpha}_1$，$\boldsymbol{\alpha}_3$ 线性无关$\Rightarrow\boldsymbol{\alpha}_1$，$\boldsymbol{\alpha}_3$ 是一个极大无关组.

**注**　一个向量组的极大无关组一般不是唯一的.

**定理 3.7**　设 $r(\boldsymbol{A}_{m\times n})=r\geqslant 1$，则：

(1) $\boldsymbol{A}$ 的行向量组(列向量组)的秩为 $r$；

(2) $\boldsymbol{A}$ 中某个行列式 $\boldsymbol{D}_r\neq\boldsymbol{0}\Rightarrow\boldsymbol{A}$ 中 $\boldsymbol{D}_r$ 所在的 $r$ 个行向量(列向量)是 $\boldsymbol{A}$ 的行向量组(列向量组)的极大无关组.

**例 3.9**　设向量组 $\boldsymbol{A}$：

$$\boldsymbol{\beta}_1=\begin{pmatrix}1\\0\\-2\end{pmatrix},\boldsymbol{\beta}_2=\begin{pmatrix}3\\2\\0\end{pmatrix},\boldsymbol{\beta}_3=\begin{pmatrix}-2\\-1\\1\end{pmatrix},\boldsymbol{\beta}_4=\begin{pmatrix}2\\3\\5\end{pmatrix}$$

求 $\boldsymbol{A}$ 的一个极大无关组.

**解**　构造矩阵

$$\boldsymbol{A}=(\boldsymbol{\beta}_1,\boldsymbol{\beta}_2,\boldsymbol{\beta}_3,\boldsymbol{\beta}_4)=\begin{pmatrix}1&3&-2&2\\0&2&-1&3\\-2&0&1&5\end{pmatrix}\xrightarrow{r_3+2r_1}\begin{pmatrix}1&3&-2&2\\0&2&-1&3\\0&6&-3&9\end{pmatrix}$$

$$\xrightarrow{r_3-3r_2}\begin{pmatrix}1&3&-2&2\\0&2&-1&3\\0&0&0&0\end{pmatrix}$$

求得 $r(\boldsymbol{A})=2\Rightarrow$秩$(\boldsymbol{A})=2$.

矩阵 $\boldsymbol{A}$ 中位于 1，2 行 1，2 列的二阶子式$\begin{vmatrix}1&3\\0&2\end{vmatrix}=2\neq 0$，故 $\boldsymbol{\beta}_1$，$\boldsymbol{\beta}_2$ 是 $\boldsymbol{A}$ 的一个极大无

关组.

**注** $\boldsymbol{A}$ 为行向量组时，可以按行构造矩阵.

**定理 3.8** 已知 $\boldsymbol{A}_{m\times n}$，$\boldsymbol{B}_{m\times n}$，

(1) 若 $\boldsymbol{A}\xrightarrow{\text{行}}\boldsymbol{B}$，则"$\boldsymbol{A}$ 的 $c_1$，…，$c_k$ 列"线性相关(线性无关)$\Leftrightarrow$"$\boldsymbol{B}$ 的 $c_1$，…，$c_k$ 列"线性相关(线性无关)；

(2) 若 $\boldsymbol{A}\xrightarrow{\text{列}}\boldsymbol{B}$，则"$\boldsymbol{A}$ 的 $r_1$，…，$r_k$ 行"线性相关(线性无关)$\Leftrightarrow$"$\boldsymbol{B}$ 的 $r_1$，…，$r_k$ 行"线性相关(线性无关).

**注** 通常习惯于用初等行变换将矩阵 $\boldsymbol{A}$ 化为阶梯形矩阵 $\boldsymbol{B}$，当阶梯形矩阵 $\boldsymbol{B}$ 的秩为 $r$ 时，$\boldsymbol{B}$ 的非零行中第一个非零元素所在的 $r$ 个列向量是线性无关的.

## 习题 3.3

1. 求下列向量组的秩，并求一个极大无关组.

(1) $\boldsymbol{\alpha}_1=\begin{pmatrix}1\\2\\-1\\4\end{pmatrix}$，$\boldsymbol{\alpha}_2=\begin{pmatrix}9\\100\\10\\4\end{pmatrix}$，$\boldsymbol{\alpha}_3=\begin{pmatrix}-2\\-4\\2\\-8\end{pmatrix}$；

(2) $\boldsymbol{\alpha}_1=(1, 2, 1, 3)^{\mathrm{T}}$，$\boldsymbol{\alpha}_2=(4, -1, -5, -6)^{\mathrm{T}}$，$\boldsymbol{\alpha}_3=(1, -3, -4, -7)^{\mathrm{T}}$，$\boldsymbol{\alpha}_4=(2, 1, -1, 0)^{\mathrm{T}}$；

(3) $\boldsymbol{\alpha}_1=(1, 1, 0)^{\mathrm{T}}$，$\boldsymbol{\alpha}_2=(0, 2, 0)^{\mathrm{T}}$，$\boldsymbol{\alpha}_3=(0, 0, 3)^{\mathrm{T}}$.

2. 设向量组 $\boldsymbol{\alpha}_1=\begin{pmatrix}a\\3\\1\end{pmatrix}$，$\boldsymbol{\alpha}_2=\begin{pmatrix}2\\b\\3\end{pmatrix}$，$\boldsymbol{\alpha}_3=\begin{pmatrix}1\\2\\1\end{pmatrix}$，$\boldsymbol{\alpha}_4=\begin{pmatrix}2\\3\\1\end{pmatrix}$的秩为 2，求 $a$、$b$ 的值.

# 第 4 节　齐次线性方程组的解

## 一、齐次线性方程组解的判定

一般地，我们把含有 $m$ 个方程、$n$ 个未知量的齐次线性方程组

$$\begin{cases} a_{11}x_1+a_{12}x_2+\cdots+a_{1n}x_n=0 \\ a_{21}x_1+a_{22}x_2+\cdots+a_{2n}x_n=0 \\ \qquad\vdots \\ a_{m1}x_1+a_{m2}x_2+\cdots+a_{mn}x_n=0 \end{cases}$$

简写成矩阵形式 $\boldsymbol{AX}=\boldsymbol{0}$，其中

$$\boldsymbol{A}=\begin{pmatrix} a_{11} & a_{12} & \cdots & a_{1n} \\ a_{21} & a_{22} & \cdots & a_{2n} \\ \vdots & \vdots & & \vdots \\ a_{m1} & a_{m2} & \cdots & a_{mn} \end{pmatrix},\ \boldsymbol{X}=\begin{pmatrix} x_1 \\ x_2 \\ \vdots \\ x_n \end{pmatrix},\ \boldsymbol{0}=\begin{pmatrix} 0 \\ 0 \\ \vdots \\ 0 \end{pmatrix}$$

若 $x_1=\xi_{11},\ x_2=\xi_{21},\ \cdots,\ x_n=\xi_{n1}$ 为 $\boldsymbol{AX}=\boldsymbol{0}$ 的解，则 $\boldsymbol{X}=\boldsymbol{\xi}_1=\begin{pmatrix} \xi_{11} \\ \xi_{21} \\ \vdots \\ \xi_{n1} \end{pmatrix}$ 称为方程组 $\boldsymbol{AX}=\boldsymbol{0}$ 的解向量，也称为方程组的解.

对于方程个数等于未知量个数的线性方程组

$$\begin{cases} a_{11}x_1+a_{12}x_2+\cdots+a_{1n}x_n=b_1 \\ a_{21}x_1+a_{22}x_2+\cdots+a_{2n}x_n=b_2 \\ \qquad\vdots \\ a_{n1}x_1+a_{n2}x_2+\cdots+a_{nn}x_n=b_n \end{cases}$$

如前所述，可以用行列式的知识(克莱姆法则）给出它有唯一解的条件和解的公式.

**推论 3.4**　根据克莱姆法则，齐次线性方程组

$$\begin{cases} a_{11}x_1+a_{12}x_2+\cdots+a_{1n}x_n=0 \\ a_{21}x_1+a_{22}x_2+\cdots+a_{2n}x_n=0 \\ \qquad\vdots \\ a_{n1}x_1+a_{n2}x_2+\cdots+a_{nn}x_n=0 \end{cases} \tag{3.3}$$

当系数行列式 $D=|\boldsymbol{A}|\neq 0$ 时，仅有零解.

由于齐次线性方程组至少有零解，因此推论 3.4 的等价命题为：如果齐次线性方程组

(3.3)有非零解，则它的系数行列式 $D=|\mathbf{A}|=0$.

但是在实际应用中，方程个数常常和未知量的个数不相等，那么我们可以用矩阵的秩来判断方程解的情况.

**定理 3.9** 设 $\mathbf{A}$ 是 $m\times n$ 矩阵，则：

(1) $\mathbf{AX}=\mathbf{0}$ 只有零解 $\Leftrightarrow r(\mathbf{A})=n$；

(2) $\mathbf{AX}=\mathbf{0}$ 有非零解 $\Leftrightarrow r(\mathbf{A})<n$.

**推论 3.5** 当 $\mathbf{A}$ 是 $n$ 阶方阵时，有：

(1) $\mathbf{AX}=\mathbf{0}$ 只有零解 $\Leftrightarrow |\mathbf{A}|\neq 0$；

(2) $\mathbf{AX}=\mathbf{0}$ 有非零解 $\Leftrightarrow |\mathbf{A}|=0$.

**例 3.10** 判断下面齐次线性方程组解的情况.

$$\begin{cases} x_1-0.4x_2-0.6x_3=0 \\ -0.6x_1+0.9x_2-0.2x_3=0 \\ -0.4x_1-0.5x_2+0.8x_3=0 \end{cases}$$

**解** 解法一：因为

$$|\mathbf{A}|=\begin{vmatrix} 1 & -0.4 & -0.6 \\ -0.6 & 0.9 & -0.2 \\ -0.4 & -0.5 & 0.8 \end{vmatrix}=0$$

所以方程组有非零解.

解法二：由 $\mathbf{A}=\begin{pmatrix} 1 & -0.4 & -0.6 \\ -0.6 & 0.9 & -0.2 \\ -0.4 & -0.5 & 0.8 \end{pmatrix}\sim\begin{pmatrix} 1 & 0 & -0.94 \\ 0 & 1 & -0.85 \\ 0 & 0 & 0 \end{pmatrix}$ 知 $r(\mathbf{A})=2<3$，所以此方程组有非零解.

## 二、齐次线性方程组的一般解

**例 3.11** 求例 3.10 中齐次线性方程组的一般解.

**解** 系数矩阵

$$\mathbf{A}=\begin{pmatrix} 1 & -0.4 & -0.6 \\ -0.6 & 0.9 & -0.2 \\ -0.4 & -0.5 & 0.8 \end{pmatrix}\sim\begin{pmatrix} 1 & 0 & -0.94 \\ 0 & 1 & -0.85 \\ 0 & 0 & 0 \end{pmatrix}$$

根据上面行最简形矩阵可得到 3 个未知量 2 个方程组成的方程组：

$$\begin{cases} x_1-0.94x_3=0 \\ x_2-0.85x_3=0 \end{cases}$$

得方程组的一般解

$$\boldsymbol{\xi}=\begin{pmatrix}x_1\\x_2\\x_3\end{pmatrix}=\begin{pmatrix}0.94x_3\\0.85x_3\\x_3\end{pmatrix}$$

其中，$x_3$ 为自由未知量.

## 三、齐次线性方程组的通解的求法

对于齐次线性方程组，我们讨论了满足什么条件时，它有非零解，但是对于方程组来讲，我们的最终目的还未达到，有两个问题还未解决：首先，当齐次线性方程组有非零解时，有多少个解？其次，当齐次线性方程组有无穷多个解时，它的所有解能否用一个简单的表达式表示出来？下面我们一起来回答这两个问题.

齐次线性方程组的解有如下性质.

**性质 3.1**　若 $\boldsymbol{\xi}_1$，$\boldsymbol{\xi}_2$ 为 $\boldsymbol{AX}=\boldsymbol{0}$ 的解，则 $\boldsymbol{\xi}_1+\boldsymbol{\xi}_2$ 也是 $\boldsymbol{AX}=\boldsymbol{0}$ 的解.

**性质 3.2**　若 $\boldsymbol{\xi}$ 为 $\boldsymbol{AX}=\boldsymbol{0}$ 的解，$k$ 为实数，则 $k\boldsymbol{\xi}$ 也是 $\boldsymbol{AX}=\boldsymbol{0}$ 的解.

**定义 3.7**　设 $\boldsymbol{S}=\{\boldsymbol{\xi}_1, \boldsymbol{\xi}_2, \cdots, \boldsymbol{\xi}_s\}$ 为齐次线性方程组 $\boldsymbol{AX}=\boldsymbol{0}$ 的一个解构成的集合，如果它满足以下两个条件：

(1) $\boldsymbol{\xi}_1$，$\boldsymbol{\xi}_2$，…，$\boldsymbol{\xi}_s$ 是线性无关的向量组；

(2) $\boldsymbol{AX}=\boldsymbol{0}$ 的任意一个解都可以表示为 $\boldsymbol{\xi}_1$，$\boldsymbol{\xi}_2$，…，$\boldsymbol{\xi}_s$ 的线性组合，即

$$\boldsymbol{X}=k_1\boldsymbol{\xi}_1+k_2\boldsymbol{\xi}_2+\cdots+k_s\boldsymbol{\xi}_s\ (k_1, k_2, \cdots, k_s\text{ 是常数})$$

则称 $\boldsymbol{\xi}_1$，$\boldsymbol{\xi}_2$，…，$\boldsymbol{\xi}_s$ 是 $\boldsymbol{AX}=\boldsymbol{0}$ 的一个基础解系，并且称上式为 $\boldsymbol{AX}=\boldsymbol{0}$ 的通解.

**定理 3.10**　设 $\boldsymbol{A}$ 为 $m\times n$ 矩阵，若 $r(\boldsymbol{A})=r<n$，则方程组 $\boldsymbol{AX}=\boldsymbol{0}$ 有基础解系，且基础解系含有 $n-r$ 个解向量；若设 $\boldsymbol{\xi}_1$，$\boldsymbol{\xi}_2$，…，$\boldsymbol{\xi}_{n-r}$ 是方程组 $\boldsymbol{AX}=\boldsymbol{0}$ 的一个基础解系，则方程组 $\boldsymbol{AX}=\boldsymbol{0}$ 的通解为

$$\boldsymbol{X}=k_1\boldsymbol{\xi}_1+k_2\boldsymbol{\xi}_2+\cdots+k_{n-r}\boldsymbol{\xi}_{n-r}\ (k_1, k_2, \cdots, k_{n-r}\in\mathbf{R})$$

**证明**　以下证明过程也是基础解系的求解过程.

因为 $r(\boldsymbol{A})=r<n$，所以不妨设 $\boldsymbol{A}$ 的左上角有一个 $r$ 阶子式不等于 0. 将 $\boldsymbol{A}$ 化为行最简形矩阵如下：

$$\boldsymbol{A}\sim\cdots\sim\begin{pmatrix}1&0&\cdots&0&b_{1,r+1}&\cdots&b_{1n}\\0&1&\cdots&0&b_{2,r+1}&\cdots&b_{2n}\\\vdots&\vdots&&\vdots&\vdots&&\vdots\\0&0&\cdots&1&b_{r,r+1}&\cdots&b_{rn}\\0&0&\cdots&0&0&\cdots&0\\\vdots&\vdots&&\vdots&\vdots&&\vdots\\0&0&\cdots&0&0&\cdots&0\end{pmatrix}$$

得同解方程组：

$$\begin{cases} x_1+b_{1,r+1}x_{r+1}+\cdots+b_{1n}x_n=0 \\ x_2+b_{2,r+1}x_{r+1}+\cdots+b_{2n}x_n=0 \\ \qquad\vdots \\ x_r+b_{r,r+1}x_{r+1}+\cdots+b_{rn}x_n=0 \end{cases}$$

此方程组的一般解为

$$\begin{cases} x_1=-b_{1,r+1}x_{r+1}-\cdots-b_{1n}x_n \\ x_2=-b_{2,r+1}x_{r+1}-\cdots-b_{2n}x_n \\ \qquad\vdots \\ x_r=-b_{r,r+1}x_{r+1}-\cdots-b_{rn}x_n \\ x_{r+1}=x_{r+1} \\ \qquad\vdots \\ x_n=x_n \end{cases}$$

这里 $x_{r+1}$，…，$x_n$ 为自由未知量，并令它们依次取下列 $n-r$ 组数

$$\begin{pmatrix} x_{r+1} \\ x_{r+2} \\ \vdots \\ x_n \end{pmatrix}=\begin{pmatrix} 1 \\ 0 \\ \vdots \\ 0 \end{pmatrix},\quad \begin{pmatrix} 0 \\ 1 \\ \vdots \\ 0 \end{pmatrix},\quad \cdots,\quad \begin{pmatrix} 0 \\ 0 \\ \vdots \\ 1 \end{pmatrix}$$

得到

$$\begin{pmatrix} x_1 \\ x_2 \\ \vdots \\ x_r \end{pmatrix}=\begin{pmatrix} -b_{1,r+1} \\ -b_{2,r+1} \\ \vdots \\ -b_{r,r+1} \end{pmatrix},\quad \begin{pmatrix} -b_{1,r+2} \\ -b_{2,r+2} \\ \vdots \\ -b_{r,r+2} \end{pmatrix},\quad \cdots,\quad \begin{pmatrix} -b_{1n} \\ -b_{2n} \\ \vdots \\ -b_{rn} \end{pmatrix}$$

合起来便得到 $\boldsymbol{AX}=\boldsymbol{0}$ 的 $n-r$ 个解

$$\boldsymbol{\xi}_1=\begin{pmatrix} -b_{11} \\ \vdots \\ -b_{r1} \\ 1 \\ 0 \\ \vdots \\ 0 \end{pmatrix},\ \boldsymbol{\xi}_2=\begin{pmatrix} -b_{12} \\ \vdots \\ -b_{r2} \\ 0 \\ 1 \\ \vdots \\ 0 \end{pmatrix},\ \cdots,\ \boldsymbol{\xi}_{n-r}=\begin{pmatrix} -b_{1,n-r} \\ \vdots \\ -b_{r,n-r} \\ 0 \\ 0 \\ \vdots \\ 1 \end{pmatrix}$$

因为 $r(\boldsymbol{\xi}_1,\boldsymbol{\xi}_2,\cdots,\boldsymbol{\xi}_{n-r})=n-r$，所以 $\boldsymbol{\xi}_1$，$\boldsymbol{\xi}_2$，…，$\boldsymbol{\xi}_{n-r}$ 线性无关，又因为 $\boldsymbol{AX}=\boldsymbol{0}$ 的任一解

$$\boldsymbol{X}=\begin{pmatrix}x_1\\ \vdots\\ x_r\\ x_{r+1}\\ x_{r+2}\\ \vdots\\ x_n\end{pmatrix}=k_1\begin{pmatrix}-b_{11}\\ \vdots\\ -b_{r1}\\ 1\\ 0\\ \vdots\\ 0\end{pmatrix}+k_2\begin{pmatrix}-b_{12}\\ \vdots\\ -b_{r2}\\ 0\\ 1\\ \vdots\\ 0\end{pmatrix}+\cdots+k_{n-r}\begin{pmatrix}-b_{1,n-r}\\ \vdots\\ -b_{r,n-r}\\ 0\\ 0\\ \vdots\\ 1\end{pmatrix}$$

即

$$\boldsymbol{X}=k_1\boldsymbol{\xi}_1+k_2\boldsymbol{\xi}_2+\cdots+k_{n-r}\boldsymbol{\xi}_{n-r}$$

**注**　自由未知量为一个、二个、三个时，可分别取为 $(x_i)=(1)$；$\begin{pmatrix}x_i\\ x_j\end{pmatrix}=\begin{pmatrix}1\\ 0\end{pmatrix}$ 和 $\begin{pmatrix}0\\ 1\end{pmatrix}$；$\begin{pmatrix}x_i\\ x_j\\ x_k\end{pmatrix}=\begin{pmatrix}1\\ 0\\ 0\end{pmatrix},\begin{pmatrix}0\\ 1\\ 0\end{pmatrix},\begin{pmatrix}0\\ 0\\ 1\end{pmatrix}$.

**例 3.12**　求例 3.10 中齐次线性方程组的通解.

**解**　对系数矩阵 $\boldsymbol{A}$ 施行初等行变换变为行最简形矩阵

$$\boldsymbol{A}=\begin{pmatrix}1 & -0.4 & -0.6\\ -0.6 & 0.9 & -0.2\\ -0.4 & -0.5 & 0.8\end{pmatrix}\sim\begin{pmatrix}1 & 0 & -0.94\\ 0 & 1 & -0.85\\ 0 & 0 & 0\end{pmatrix}$$

可得 $r(\boldsymbol{A})=2<3$，故此方程组有无穷多解，与之同解的方程组为

$$\begin{cases}x_1-0.94x_3=0\\ x_2-0.85x_3=0\end{cases}$$

令 $x_3=1$，则对应有 $x_1=0.94$，$x_2=0.85$，即得基础解系

$$\boldsymbol{\xi}=\begin{pmatrix}0.94\\ 0.85\\ 1\end{pmatrix}$$

于是，此方程组的通解为 $\boldsymbol{X}=k\boldsymbol{\xi}$（$k$ 为任意实数）.

**例 3.13**　解线性方程组

$$\begin{cases}x_1+x_2+x_3+x_4+x_5=0\\ 3x_1+2x_2+x_3+x_4-3x_5=0\\ x_2+2x_3+2x_4+6x_5=0\\ 5x_1+4x_2+3x_3+3x_4-x_5=0\end{cases}$$

**解**　将系数矩阵 $\boldsymbol{A}$ 化为简化阶梯形矩阵.

$$\mathbf{A}=\begin{pmatrix}1&1&1&1&1\\3&2&1&1&-3\\0&1&2&2&6\\5&4&3&3&-1\end{pmatrix}\xrightarrow[r_1\times(-3)+r_2]{r_1\times(-5)+r_4}\begin{pmatrix}1&1&1&1&1\\0&-1&-2&-2&-6\\0&1&2&2&6\\0&-1&-2&-2&-6\end{pmatrix}$$

$$\xrightarrow[\substack{r_2\times(-1)+r_4\\(-1)\times r_2}]{\substack{r_2+r_1\\r_2+r_3}}\begin{pmatrix}1&0&-1&-1&-5\\0&1&2&2&6\\0&0&0&0&0\\0&0&0&0&0\end{pmatrix}$$

可得 $r(\mathbf{A})=2<n$，则方程组有无穷多解，其同解方程组为

$$\begin{cases}x_1=x_3+x_4+5x_5\\x_2=-2x_3-2x_4-6x_5\end{cases}\quad(\text{其中 } x_3,\ x_4,\ x_5 \text{ 为自由未知量})$$

令 $x_3=1$，$x_4=0$，$x_5=0$，得 $x_1=1$，$x_2=-2$；

令 $x_3=0$，$x_4=1$，$x_5=0$，得 $x_1=1$，$x_2=-2$；

令 $x_3=0$，$x_4=0$，$x_5=1$，得 $x_1=5$，$x_2=-6$，

于是得到原方程组的一个基础解系为

$$\boldsymbol{\xi}_1=\begin{pmatrix}1\\-2\\1\\0\\0\end{pmatrix},\ \boldsymbol{\xi}_2=\begin{pmatrix}1\\-2\\0\\1\\0\end{pmatrix},\ \boldsymbol{\xi}_3=\begin{pmatrix}5\\-6\\0\\0\\1\end{pmatrix}$$

所以，原方程组的通解为

$$\mathbf{X}=k_1\boldsymbol{\xi}_1+k_2\boldsymbol{\xi}_2+k_3\boldsymbol{\xi}_3(\text{其中 } k_1,\ k_2,\ k_3 \text{ 为任意实数})$$

**例 3.14** 求齐次线性方程组 $\begin{cases}x_1-2x_2+x_3+x_4=0\\x_1-2x_2+x_3-x_4=0\\x_1-2x_2+x_3+5x_4=0\end{cases}$ 的一个基础解系，并以该基础解系表示方程组的全部解.

**解** 将系数矩阵 **A** 化成简化阶梯形矩阵

$$\mathbf{A}=\begin{pmatrix}1&-2&1&1\\1&-2&1&-1\\1&-2&1&5\end{pmatrix}\xrightarrow[r_1\times(-1)+r_3]{r_1\times(-1)+r_2}\begin{pmatrix}1&-2&1&1\\0&0&0&-2\\0&0&0&4\end{pmatrix}$$

$$\xrightarrow[\substack{r_2\times(-4)+r_3\\r_2\times(-1)+r_1}]{r_2\times\left(-\frac{1}{2}\right)}\begin{pmatrix}1&-2&1&0\\0&0&0&1\\0&0&0&0\end{pmatrix}$$

可得 $r(\mathbf{A})=2<n$，则方程组有无穷多解，其同解方程组为

$$\begin{cases} x_1=2x_2-x_3 \\ x_4=0 \end{cases}$$ （其中 $x_2$，$x_3$ 为自由未知量）

令 $x_2=1$，$x_3=0$，得 $x_1=2$，$x_4=0$；

令 $x_2=0$，$x_3=1$，得 $x_1=-1$，$x_4=0$，

于是得到原方程组的一个基础解系为

$$\boldsymbol{\xi}_1=\begin{pmatrix}2\\1\\0\\0\end{pmatrix},\ \boldsymbol{\xi}_2=\begin{pmatrix}-1\\0\\1\\0\end{pmatrix}$$

所以，原方程组的通解为

$$\boldsymbol{X}=k_1\boldsymbol{\xi}_1+k_2\boldsymbol{\xi}_2$$（其中 $k_1$，$k_2$ 为任意实数）

## 习题 3.4

1. 设矩阵 $\boldsymbol{A}=\begin{pmatrix}1&0&-1&0&0\\0&1&0&-1&0\\0&0&0&0&0\end{pmatrix}$，则矩阵 $\boldsymbol{A}$ 的秩为________，线性方程组 $\boldsymbol{AX}=\boldsymbol{0}$ 的基础解系的向量个数为________.

2. 若 $\boldsymbol{A}$ 为 $m\times n$ 矩阵，则齐次线性方程组 $\boldsymbol{AX}=\boldsymbol{0}$ 有非零解的充要条件是________.

3. 设 $\boldsymbol{A}=\begin{pmatrix}1&2&3\\4&5&6\\3&3&3\end{pmatrix}$，则齐次线性方程组 $\boldsymbol{AX}=\boldsymbol{0}$ 的基础解系所含向量个数为________.

4. 在 $n$ 元齐次线性方程组 $\boldsymbol{AX}=\boldsymbol{0}$ 中，若秩 $r(\boldsymbol{A})=k$，且 $\boldsymbol{\eta}_1$，$\boldsymbol{\eta}_2$，…，$\boldsymbol{\eta}_r$ 是它的一个基础解系，则 $r=$________.

5. 求 $\begin{cases}x_1+2x_2+x_3-x_4=0\\3x_1+6x_2-x_3-3x_4=0\\5x_1+10x_2+x_3-5x_4-0\end{cases}$ 的通解.

6. 对于齐次线性方程组：

$$\begin{cases}x_1+x_2+x_3+4x_4-3x_5=0\\x_1-x_2+3x_3-2x_4-x_5=0\\2x_1-3x_2+7x_3-7x_4-x_5=0\\3x_1+x_2+5x_3+6x_4-7x_5=0\end{cases}$$

系数矩阵 **A** 经过一系列初等行变换之后变成为

$$\begin{pmatrix} 1 & 0 & 2 & 1 & -2 \\ 0 & 1 & -1 & 3 & -1 \\ 0 & 0 & 0 & 0 & 0 \\ 0 & 0 & 0 & 0 & 0 \end{pmatrix}$$

求该方程组的全部解.

# 第 5 节　非齐次线性方程组的解

## 一、非齐次线性方程组

当我们在研究一些数量在网络中的流动时自然推导出的线性方程组常常涉及成百上千的变量和方程，例如，城市规划和交通工程人员监控一个网络状的市区道路的交通流量模式，电气工程师计算流经电路的电流，经济学家分析产品销售等等，网络流的基本假设是网络的总流入量等于总流出量，网络分析的问题就是确定当局部信息已知时每一分支的流量.

**例 3.15**　如图 3.1 的网络是某市的一些单行道路在一个下午(以每小时车辆数目计算)的交通流量，计算该网络的车流量.

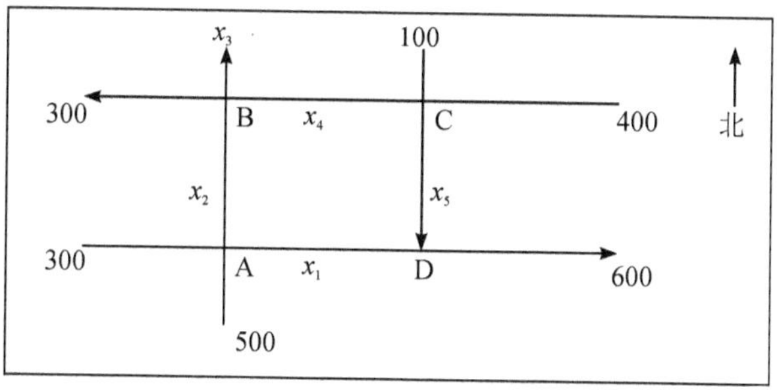


图 3.1

**解**　如图 3.1 所示，标记道路交叉口和未知的分支流量，在每个交叉口，令其车辆驶入数目等于车辆驶出数目.

(1) 车辆驶入驶出数目，列表如下：

| 交叉口 | 车辆驶入数目 | 车辆驶出数目 |
|---|---|---|
| A | 300+500 | $x_1+x_2$ |
| B | $x_2+x_4$ | $300+x_3$ |
| C | 100+400 | $x_4+x_5$ |
| D | $x_1+x_5$ | 600 |

（2）车辆驶入数目等于车辆驶出数目，列表如下：

| 交叉口 | 车辆驶入数目＝车辆驶出数目 |
|---|---|
| A | $300+500=x_1+x_2$ |
| B | $x_2+x_4=300+x_3$ |
| C | $100+400=x_4+x_5$ |
| D | $x_1+x_5=600$ |

（3）车辆总驶入量等于车辆总驶出量，列表如下：

| 交叉口 | 车辆总驶入量＝车辆总驶出量 |
|---|---|
| A、B、C、D | $500+300+100+400=300+x_3+600$ |

（4）得到下面方程组：

$$\begin{cases} x_1+x_2=800 \\ x_2-x_3+x_4=300 \\ x_4+x_5=500 \\ x_1+x_5=600 \\ x_3=400 \end{cases}$$

如何求解此非齐次线性方程组，本节将给出非齐次线性方程组的求解方法.

## 二、非齐次线性方程组解的判定

一般地，我们把含有 $m$ 个方程、$n$ 个未知量的非齐次线性方程组

$$\begin{cases} a_{11}x_1+a_{12}x_2+\cdots+a_{1n}x_n=b_1 \\ a_{21}x_1+a_{22}x_2+\cdots+a_{2n}x_n=b_2 \\ \qquad\vdots \\ a_{m1}x_1+a_{m2}x_2+\cdots+a_{mn}x_n=b_m \end{cases}$$

简写成矩阵形式 $\boldsymbol{AX}=\boldsymbol{B}$，其中

$$\boldsymbol{A}=\begin{pmatrix} a_{11} & a_{12} & \cdots & a_{1n} \\ a_{21} & a_{22} & \cdots & a_{2n} \\ \vdots & \vdots & & \vdots \\ a_{m1} & a_{m2} & \cdots & a_{mn} \end{pmatrix}, \quad \boldsymbol{X}=\begin{pmatrix} x_1 \\ x_2 \\ \vdots \\ x_n \end{pmatrix}, \quad \boldsymbol{B}=\begin{pmatrix} b_1 \\ b_2 \\ \vdots \\ b_m \end{pmatrix}$$

方程组的矩阵形式是 $\boldsymbol{AX}=\boldsymbol{B}$，与之对应的齐次线性方程组为 $\boldsymbol{AX}=\boldsymbol{0}$. 而且有如下定理：

**定理 3.11**　$\boldsymbol{AX}=\boldsymbol{B}$ 有解 $\Leftrightarrow r(\boldsymbol{A},\boldsymbol{B})=r(\boldsymbol{A})$.

**例 3.16**　判断例 3.15 中的非齐次线性方程组

$$\begin{cases}x_1+x_2=800\\x_2-x_3+x_4=300\\x_4+x_5=500\\x_1+x_5=600\\x_3=400\end{cases}$$

解的情况.

**解**　$$r(\boldsymbol{A},\boldsymbol{B})=\begin{pmatrix}1&1&0&0&0&800\\0&1&-1&1&0&300\\0&0&0&1&1&500\\1&0&0&0&1&600\\0&0&1&0&0&400\end{pmatrix}\sim\begin{pmatrix}1&0&0&0&1&600\\0&1&0&0&-1&200\\0&0&1&0&0&400\\0&0&0&1&1&500\end{pmatrix}=4$$

$r(\boldsymbol{A})=4$.

因此 $r(\boldsymbol{A},\boldsymbol{B})=r(\boldsymbol{A})$，所以此方程组有解.

## 三、非齐次线性方程组解的结构

**性质 3.3**　设 $\boldsymbol{\eta}_1$，$\boldsymbol{\eta}_2$ 为 $\boldsymbol{AX}=\boldsymbol{B}$ 的解，则 $\boldsymbol{\eta}_1-\boldsymbol{\eta}_2$ 为 $\boldsymbol{AX}=\boldsymbol{0}$ 的解.

**证明**　$\boldsymbol{A}(\boldsymbol{\eta}_1-\boldsymbol{\eta}_2)=\boldsymbol{A\eta}_1-\boldsymbol{A\eta}_2=\boldsymbol{B}-\boldsymbol{B}=\boldsymbol{0}$.

**性质 3.4**　设 $\boldsymbol{\eta}_1$ 为 $\boldsymbol{AX}=\boldsymbol{B}$ 的解，$\boldsymbol{\eta}_2$ 为 $\boldsymbol{AX}=\boldsymbol{0}$ 的解，则 $\boldsymbol{\eta}_1+\boldsymbol{\eta}_2$ 为 $\boldsymbol{AX}=\boldsymbol{B}$ 的解.

**证明**　$\boldsymbol{A}(\boldsymbol{\eta}_1+\boldsymbol{\eta}_2)=\boldsymbol{A\eta}_1+\boldsymbol{A\eta}_2=\boldsymbol{B}+\boldsymbol{0}=\boldsymbol{B}$.

由以上的两条性质可以推出非齐次线性方程组解的结构.

## 四、非齐次线性方程组通解的求法

**定理 3.12**　设非齐次线性方程组 $\boldsymbol{AX}=\boldsymbol{B}$ 有解，则其通解为 $\boldsymbol{X}=\boldsymbol{\eta}+\boldsymbol{\xi}$，其中，$\boldsymbol{\eta}$ 为 $\boldsymbol{AX}=\boldsymbol{B}$ 的一个特解，$\boldsymbol{\xi}$ 是方程组 $\boldsymbol{AX}=\boldsymbol{B}$ 的导出组 $\boldsymbol{AX}=\boldsymbol{0}$ 的通解.

若设矩阵 $\boldsymbol{A}_{m\times n}$ 的秩为 $r$，齐次线性方程组 $\boldsymbol{AX}=\boldsymbol{0}$ 的一个基础解系为 $\boldsymbol{\xi}_1$，$\boldsymbol{\xi}_2$，…，$\boldsymbol{\xi}_{n-r}$，则 $\boldsymbol{AX}=\boldsymbol{B}$ 的通解为

$$\boldsymbol{X}=\boldsymbol{\eta}+k_1\boldsymbol{\xi}_1+k_2\boldsymbol{\xi}_2+\cdots+k_{n-r}\boldsymbol{\xi}_{n-r}\quad(k_1,k_2,\cdots,k_{n-r}\in\mathbf{R})$$

**例 3.17**　解例 3.15 中的非齐次线性方程组

$$\begin{cases} x_1+x_2=800 \\ x_2-x_3+x_4=300 \\ x_4+x_5=500 \\ x_1+x_5=600 \\ x_3=400 \end{cases}$$

**解** 由例 3.15 判断出此方程组有解，对矩阵($\boldsymbol{A}$，$\boldsymbol{B}$)进行初等行变换后得到

$$\begin{cases} x_1+x_5=600 \\ x_2-x_5=200 \\ x_3=400 \\ x_4+x_5=500 \end{cases}$$

该网络的车流量为

$$\begin{cases} x_1=600-x_5 \\ x_2=200+x_5 \\ x_3=400 \\ x_4=500-x_5 \end{cases} \quad (x_5 \text{ 是自由未知量})$$

令 $x_5=0$，得 $\boldsymbol{AX}=\boldsymbol{B}$ 的一个特解

$$\boldsymbol{\eta}=\begin{pmatrix} 600 \\ 200 \\ 400 \\ 500 \\ 0 \end{pmatrix}$$

令 $x_5=1$，得 $\boldsymbol{AX}=\boldsymbol{0}$ 的基础解系 $\boldsymbol{\xi}_1=\begin{pmatrix} -1 \\ 1 \\ 0 \\ -1 \\ 1 \end{pmatrix}$，其通解为 $\boldsymbol{\xi}=k\begin{pmatrix} -1 \\ 1 \\ 0 \\ -1 \\ 1 \end{pmatrix}(k\in\mathbf{R})$.

综上有 $\boldsymbol{AX}=\boldsymbol{B}$ 的通解是

$$\boldsymbol{X}=\boldsymbol{\eta}+\boldsymbol{\xi}=\begin{pmatrix} 600 \\ 200 \\ 400 \\ 500 \\ 0 \end{pmatrix}+k\begin{pmatrix} -1 \\ 1 \\ 0 \\ -1 \\ 1 \end{pmatrix} \quad (k\in\mathbf{R})$$

**例 3.18** 解线性方程组

$$\begin{cases} x_1+x_2+2x_3=1 \\ 2x_1-x_2+2x_3-4 \\ 4x_1+x_2+4x_3=-2 \end{cases}$$

**解**

$$\bar{\boldsymbol{A}}=(\boldsymbol{A},\boldsymbol{B})=\begin{pmatrix} 1 & 1 & 2 & 1 \\ 2 & -1 & 2 & -4 \\ 4 & 1 & 4 & -2 \end{pmatrix}\xrightarrow[r_3-4r_1]{r_2-2r_1}\begin{pmatrix} 1 & 1 & 2 & 1 \\ 0 & -3 & -2 & -6 \\ 0 & -3 & -4 & -6 \end{pmatrix}$$

$$\xrightarrow{r_3-r_2}\begin{pmatrix} 1 & 1 & 2 & 1 \\ 0 & -3 & -2 & -6 \\ 0 & 0 & -2 & 0 \end{pmatrix}\xrightarrow[r_1+r_3]{r_2-r_3}\begin{pmatrix} 1 & 1 & 0 & 1 \\ 0 & -3 & 0 & -6 \\ 0 & 0 & -2 & 0 \end{pmatrix}$$

$$\xrightarrow[-\frac{1}{3}r_2]{\substack{-\frac{1}{2}r_3 \\ x_1+\frac{1}{3}r_2}}\begin{pmatrix} 1 & 0 & 0 & -1 \\ 0 & 1 & 0 & 2 \\ 0 & 0 & 1 & 0 \end{pmatrix}$$

所以 $r(\bar{\boldsymbol{A}})=3$，$r(\boldsymbol{A})=3$，$r(\bar{\boldsymbol{A}})=r(\boldsymbol{A})=3$，则方程组有唯一解，所以方程组的解为

$$\begin{cases} x_1=-1 \\ x_2=2 \\ x_3=0 \end{cases}$$

**例 3.19**　解线性方程组

$$\begin{cases} -2x_1+x_2+x_3=1 \\ x_1-2x_2+x_3=-2 \\ x_1+x_2-2x_3=4 \end{cases}$$

**解**

$$\bar{\boldsymbol{A}}=(\boldsymbol{A},\boldsymbol{B})=\begin{pmatrix} -2 & 1 & 1 & 1 \\ 1 & -2 & 1 & -2 \\ 1 & 1 & -2 & 4 \end{pmatrix}$$

$$\xrightarrow[\substack{r_1\times 2+r_2 \\ r_1\times(-1)+r_3}]{r_1\leftrightarrow r_2}\begin{pmatrix} 1 & -2 & 1 & -2 \\ 0 & -3 & 3 & -3 \\ 0 & 3 & -3 & 6 \end{pmatrix}$$

$$\xrightarrow{r_2+r_3}\begin{pmatrix} 1 & -2 & 1 & -2 \\ 0 & -3 & 3 & -3 \\ 0 & 0 & 0 & 3 \end{pmatrix}$$

所以 $r(\bar{\boldsymbol{A}})=3$，$r(\boldsymbol{A})=2$，$r(\bar{\boldsymbol{A}})\neq r(\boldsymbol{A})$，所以原方程组无解.

**例 3.20**　解线性方程组

$$\begin{cases} x_1+x_2-x_3+2x_4=3 \\ 2x_1+x_2-3x_4=1 \\ -2x_1-2x_3+10x_4=4 \end{cases}$$

**解**

$$\bar{\boldsymbol{A}}=(\boldsymbol{A},\boldsymbol{B})=\begin{pmatrix}1&1&-1&2&3\\2&1&0&-3&1\\-2&0&-2&10&4\end{pmatrix}$$

$$\xrightarrow[r_1\times 2+r_3]{r_1\times(-2)+r_2}\begin{pmatrix}1&1&-1&2&3\\0&-1&2&-7&-5\\0&2&-4&14&10\end{pmatrix}$$

$$\xrightarrow[\substack{r_2\times 1+r_1\\ r_2\times(-1)}]{r_2\times 2+r_3}\begin{pmatrix}1&0&1&-5&-2\\0&1&-2&7&5\\0&0&0&0&0\end{pmatrix}$$

可见 $r(\bar{\boldsymbol{A}})=r(\boldsymbol{A})=2<4$，则方程组有无穷多解，其同解方程组为

$$\begin{cases}x_1=-2-x_3+5x_4\\x_2=5+2x_3-7x_4\end{cases}\text{（其中 }x_3,\ x_4\text{ 为自由未知量）}$$

令 $x_3=0$，$x_4=0$，得原方程组的一个特解

$$\boldsymbol{\eta}=\begin{pmatrix}-2\\5\\0\\0\end{pmatrix}$$

又原方程组对应齐次线性方程组导出组的同解方程组为

$$\begin{cases}x_1=-x_3+5x_4\\x_2=2x_3-7x_4\end{cases}\text{（其中 }x_3,\ x_4\text{ 为自由未知量）}$$

令 $x_3=1$，$x_4=0$，得 $x_1=-1$，$x_2=2$；

令 $x_3=0$，$x_4=1$，得 $x_1=5$，$x_2=-7$，

于是得到导出组的一个基础解系为

$$\boldsymbol{\xi}_1=\begin{pmatrix}-1\\2\\1\\0\end{pmatrix},\ \boldsymbol{\xi}_2=\begin{pmatrix}5\\-7\\0\\1\end{pmatrix}$$

所以，原方程组的通解为

$$\boldsymbol{X}=\boldsymbol{\eta}+k_1\boldsymbol{\xi}_1+k_2\boldsymbol{\xi}_2\ (k_1,\ k_2\in\mathbf{R})$$

**例 3.21** 求线性方程组

$$\begin{cases}2x_1x_2-x_3+x_4=1\\x_1+2x_2+x_3-x_4=2\\x_1+x_2+2x_3+x_4=3\end{cases}$$

的全部解.

**解**　$\bar{A}=(A, B)=\begin{pmatrix}2&1&-1&1&1\\1&2&1&-1&2\\1&1&2&1&3\end{pmatrix}\xrightarrow{r_1\leftrightarrow r_2}\begin{pmatrix}1&2&1&-1&2\\2&1&-1&1&1\\1&1&2&1&3\end{pmatrix}$

$$\xrightarrow[r_1\times(-1)+r_3]{r_1\times(-2)+r_2}\begin{pmatrix}1&2&1&-1&2\\0&-3&-3&3&-3\\0&-1&1&2&1\end{pmatrix}$$

$$\xrightarrow{r_2\leftrightarrow r_3}\begin{pmatrix}1&2&1&-1&2\\0&-1&1&2&1\\0&-3&-3&3&-3\end{pmatrix}\xrightarrow[\substack{r_2\times(-2)+r_1\\ r_2\times(-1)}]{r_2\times(-3)+r_3}\begin{pmatrix}1&0&3&3&4\\0&1&-1&-2&-1\\0&0&-6&-3&-6\end{pmatrix}$$

$$\xrightarrow{r_3\times\left(-\frac{1}{6}\right)}\begin{pmatrix}1&0&3&3&4\\0&1&-1&-2&-1\\0&0&1&\frac{1}{2}&1\end{pmatrix}\xrightarrow[r_2+r_3]{r_1+r_3\times(-3)}\begin{pmatrix}1&0&0&\frac{3}{2}&1\\0&1&0&-\frac{3}{2}&0\\0&0&1&\frac{1}{2}&1\end{pmatrix}$$

可见 $r(\bar{A})=r(A)=3<4$，所以方程组有无穷多解，其同解方程组为

$$\begin{cases}x_1=1-\frac{3}{2}x_4\\x_2=\frac{3}{2}x_4\quad（其中\ x_4\ 为自由未知量）\\x_3=1-\frac{1}{2}x_4\end{cases}$$

令 $x_4=0$，可得原方程组的一个特解

$$\boldsymbol{\eta}=\begin{pmatrix}1\\0\\1\\0\end{pmatrix}$$

又原方程组对应齐次线性方程组导出组的同解方程组为

$$\begin{cases}x_1=-\frac{3}{2}x_4\\x_2=\frac{3}{2}x_4\quad（其中\ x_4\ 为自由未知量）\\x_3=-\frac{1}{2}x_4\end{cases}$$

令 $x_4=-2$（这里取 $-2$ 为了消去分母取单位向量的倍数），得 $x_1=3$，$x_2=-3$，$x_3=1$，于是得到导出组的一个基础解系为

$$\boldsymbol{\xi}=\begin{pmatrix}3\\-3\\1\\-2\end{pmatrix}$$

所以，原方程组的通解为

$$\boldsymbol{X}=\boldsymbol{\eta}+k\boldsymbol{\xi}\ (k\in\mathbf{R})$$

**例 3.22** 求非齐次线性方程组

$$\begin{cases}x_1+2x_2-x_3+2x_4=1\\2x_1+4x_2+x_3+x_4=5\\-x_1-2x_2-2x_3+x_4=-4\end{cases}$$

的通解.

**解**
$$\bar{\boldsymbol{A}}=\begin{pmatrix}1&2&-1&2&1\\2&4&1&1&5\\-1&-2&-2&1&-4\end{pmatrix}\xrightarrow[r_3+r_1]{r_2-2r_1}\begin{pmatrix}1&2&-1&2&1\\0&0&3&-3&3\\0&0&-3&3&-3\end{pmatrix}$$

$$\xrightarrow{\frac{1}{3}r_2}\begin{pmatrix}1&2&-1&2&1\\0&0&1&-1&1\\0&0&-3&3&-3\end{pmatrix}\xrightarrow[r_3+3r_2]{r_1+r_2}\begin{pmatrix}1&2&0&1&2\\0&0&1&-1&1\\0&0&0&0&0\end{pmatrix}$$

得同解方程组

$$\begin{cases}x_1+2x_2+x_4=2\\x_3-x_4=1\end{cases}$$

即

$$\begin{cases}x_1=-2x_2-x_4+2\\x_2=x_2\\x_3=x_4+1\\x_4=x_4\end{cases}$$

令 $x_2=0$，$x_4=0$，得原方程组的一个特解

$$\boldsymbol{\eta}=\begin{pmatrix}2\\0\\1\\0\end{pmatrix}$$

下面求其导出方程组的一个基础解系. 由于导出方程组是将原方程组的常数全部改为 0 得到的，因此可得导出方程组的同解方程组为

$$\begin{cases}x_1+2x_2+x_4=0\\x_3-x_4=0\end{cases}$$

即

$$\begin{cases} x_1=-2x_2-x_4 \\ x_2=x_2 \\ x_3=x_4 \\ x_4=x_4 \end{cases}$$

取 $x_2$，$x_4$ 为自由未知量，设 $\begin{pmatrix} x_2 \\ x_4 \end{pmatrix}$ 分别为 $\begin{pmatrix} 1 \\ 0 \end{pmatrix}$ 和 $\begin{pmatrix} 0 \\ 1 \end{pmatrix}$，可得导出方程组的基础解系为

$$\boldsymbol{\xi}_1=\begin{pmatrix} -2 \\ 1 \\ 0 \\ 0 \end{pmatrix},\ \boldsymbol{\xi}_2=\begin{pmatrix} -1 \\ 0 \\ 1 \\ 1 \end{pmatrix}$$

于是原方程组的通解为

$$\boldsymbol{X}=\boldsymbol{\eta}+k_1\boldsymbol{\xi}_1+k_2\boldsymbol{\xi}_2=\begin{pmatrix} 2 \\ 0 \\ 1 \\ 0 \end{pmatrix}+k_1\begin{pmatrix} -2 \\ 1 \\ 0 \\ 0 \end{pmatrix}+k_2\begin{pmatrix} -1 \\ 0 \\ 1 \\ 1 \end{pmatrix}$$

## 习题 3.5

1. 设 $\boldsymbol{A}$ 为 $m\times n$ 矩阵，$\boldsymbol{B}\neq\boldsymbol{0}$，且 $r(\boldsymbol{A})=n$，则线性方程组 $\boldsymbol{AX}=\boldsymbol{B}$ 解的情况是(　　).

A. 有唯一解　　B. 有无穷多解　　C. 无解　　D. 可能无解

2. 若有 $\begin{pmatrix} k & 1 & 1 \\ 3 & 0 & 1 \\ 0 & 2 & -1 \end{pmatrix}\begin{pmatrix} 3 \\ k \\ -3 \end{pmatrix}=\begin{pmatrix} k \\ 6 \\ 5 \end{pmatrix}$，则 $k$ 等于(　　).

A. 1　　B. 2　　C. 3　　D. 4

3. 对于非齐次线性方程组：

$$\begin{cases} x_1+2x_2-3x_3=13 \\ 2x_1+3x_2+x_3=4 \\ 3x_1-x_2+2x_3=-1 \\ x_1-x_2+3x_3=-8 \end{cases}$$

增广矩阵 $\widetilde{\boldsymbol{A}}$ 经过一系列初等行变换之后变成为 $\begin{pmatrix} 1 & 0 & 0 & 2 \\ 0 & 1 & 0 & 1 \\ 0 & 0 & 1 & -3 \\ 0 & 0 & 0 & 0 \end{pmatrix}$，求该方程组的通解

$\boldsymbol{X}=\begin{pmatrix}x_1\\x_2\\x_3\end{pmatrix}$.

4. 求非齐次线性方程组$\begin{cases}x_1-x_2+5x_3-x_4=-1\\x_1+x_2-2x_3+3x_4=3\\3x_1-x_2+8x_3+x_4=1\\x_1+3x_2-9x_3+7x_4=7\end{cases}$的通解.

5. 求非齐次线性方程组$\begin{cases}2x_1+5x_2+x_3+15x_4=7\\x_1+2x_2-x_3+4x_4=2\\x_1+3x_2+2x_3+11x_4=5\end{cases}$的通解.

6. 对于非齐次线性方程组：$\begin{cases}2x_1+kx_2-x_3=1\\kx_1-x_2+x_3=2\\4x_1+5x_2-5x_3=-1\end{cases}$

问当 $k$ 取何值时，$\boldsymbol{AX}=\boldsymbol{B}$ 无解、有唯一解或有无穷多解？当有无穷多解时写出 $\boldsymbol{AX}=\boldsymbol{B}$ 的全部解.

# 第 4 章

# 多元函数微分

# 第1节 多元函数

## 一、多元函数的定义

在很多自然现象和实际问题中，经常会遇到多个变量之间的依赖关系，举例如下.

**例 4.1** 圆柱体的体积 $V$ 和它的底半径 $r$、高 $h$ 之间具有如下关系：

$$V=\pi r^2 h$$

这里有三个变量，$V$ 随着两个独立变量 $r$、$h$ 的变化而变化.

**例 4.2** 具有一定量的理想气体的压强 $p$、体积 $V$ 与绝对温度 $T$ 之间具有如下关系：

$$p=\frac{RT}{V}\ (R\text{ 是常数})$$

这里也有三个变量，$p$ 随着两个独立变量 $T$、$V$ 的变化而变化.

去掉以上 2 个例子中的具体意义，抽出共性，就可得出二元函数的定义.

**定义 4.1** 对于变量 $x$、$y$、$z$，如果变量 $x$、$y$ 在一定范围内任意取一组数值，这时变量 $z$ 按照一定法则总有唯一确定的数值和它们相对应，那么就称 $z$ 是 $x$、$y$ 的二元函数，记为 $z=f(x, y)$.

$z=f(x, y)$中，$x$、$y$ 称为自变量，$z$ 称为因变量. $x$、$y$ 的变化范围称为二元函数 $z=f(x, y)$的定义域，记为 $D$；$z$ 的变化范围称为二元函数 $z=f(x, y)$的值域，记为 $R(f)$.

对于二元函数 $z=f(x, y)(x, y\in D)$，其映射为 $f$：$D\to R$，如图 4.1 所示.

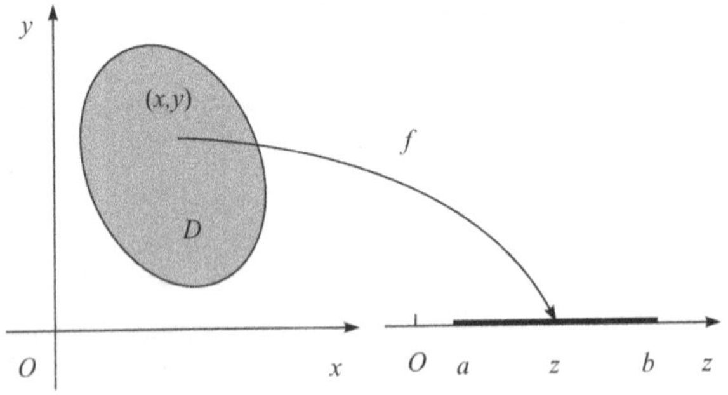


图 4.1

二元函数 $z=f(x, y)$在定义域 $D$ 内的点$(x_0, y_0)$处所取得的函数值记为 $z\Big|_{\substack{x=x_0\\y=y_0}}$，$z\big|_{(x_0, y_0)}$或者 $f(x_0, y_0)$.

**例 4.3** 设 $z=x^2+5y$，求$z\big|_{(1, -1)}$.

**解** $$z\big|_{(1, -1)}=f(1, -1)=1^2+5\times(-1)=-4$$

类似地，可以定义三元函数 $u=f(x, y, z)$ 以及 $n$ 元函数 $u=f(x_1, x_2, x_3, \cdots, x_n)$. 二元及二元以上的函数统称为多元函数.

**定义 4.2**　平面的区域是指一条或者几条曲线所围成的具有连通性的平面的一部分. 其中，连通性是指一块部分平面内任意两点可以用完全属于这个部分平面的折线连接贯通. 如果区域能够无限延伸，则称此区域是无界的；如果区域不能够无限延伸，它就总是被包含在一个范围更大一点的半径有限的圆内，则称此区域是有限的. 围成区域的曲线称为区域的边界. 闭区域是包含边界在内的区域，开区域是不包含边界在内的区域，二者统称为区域. 为方便起见，我们将开区域内的点称为内点，将区域边界上的点称为边界点.

**定义 4.3**　设 $P_0(x_0, y_0)$ 是平面 $xOy$ 上的任意一个点，取正数 $\delta$，以 $P_0$ 为中心、以 $\delta$ 为半径的圆形开区域内的点的集合就称为点 $P_0$ 的 $\delta$ 邻域，记为 $U(P_0, \delta)$，即

$$U(P_0, \delta)=\{(x, y) \mid \sqrt{(x-x_0)^2+(y-y_0)^2}<\delta\}$$

如果将 $U(P_0, \delta)$ 中的点 $P_0$ 除去，则剩余部分就称为点 $P_0$ 的去心 $\delta$ 邻域，记为 $\mathring{U}(P_0, \delta)$，即

$$\mathring{U}(P_0, \delta)=\{(x, y) \mid 0<\sqrt{(x-x_0)^2+(y-y_0)^2}<\delta\}$$

特别地，在应用过程中，为方便起见，我们在不需要强调邻域的半径 $\delta$ 时，也可以将点 $P_0$ 的 $\delta$ 邻域 $U(P_0, \delta)$ 简记为 $U(P_0)$. 我们用 $U(P_0)$ 表示点 $P_0$ 的某个邻域，用 $\mathring{U}(P_0)$ 表示点 $P_0$ 的某个去心邻域.

**例 4.4**　求下列函数的定义域 $D$，并画出 $D$ 的图形.

(1) $z=\ln(x+y)$；

(2) $z=\arcsin(x^2+y^2)$.

**解**　(1) 要使函数 $z=\ln(x+y)$ 有意义，应有 $x+y>0$，所以函数的定义域 $D$ 是位于直线 $x+y=0$ 上方而不包括这条直线在内的半平面，这是一个无界区域，如图 4.2(a) 所示.

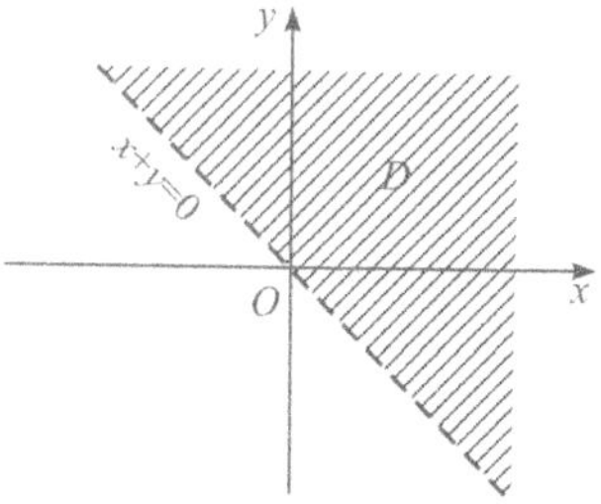


(a)

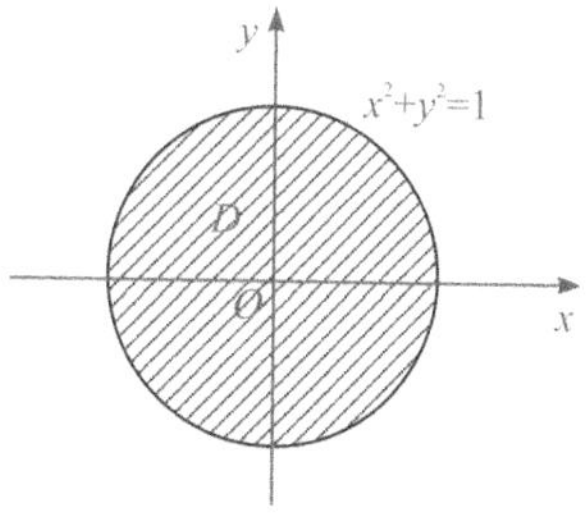


(b)

图 4.2

(2) 要使函数 $z=\arcsin(x^2+y^2)$ 有意义，应有 $x^2+y^2\leqslant 1$，所以函数的定义域 $D$ 是以原点为圆心，以 1 为半径的闭圆区域，如图 4.2(b) 所示.

## 二、二元函数的极限

与一元函数的极限概念类似，我们用“$\varepsilon-\delta$”语言描述二元函数的极限概念.

**定义 4.4** 设二元函数 $f(P)=f(x, y)$的定义域为 $D$，$P(x_0, y_0)$是 $D$ 的聚点. 如果存在常数 $A$，对于任意给定的正数 $\varepsilon$，总存在正数 $\delta$，使得在点 $P_0(x_0, y_0)$的某一邻域内有定义(点 $P_0$ 可以除外)，都有 $|f(P)-A|=|f(x, y)-A|<\varepsilon$ 成立，则称常数 $A$ 为函数 $f(x, y)$当$(x, y)\to(x_0, y_0)$时的极限，记作

$$\lim_{(x, y)\to(x_0, y_0)} f(x, y)=A \text{ 或 } f(x, y)\to A((x,y)\to(x_0, y_0))$$

也可记作

$$\lim_{P\to P_0} f(x, y)=A \text{ 或 } f(P)\to A(P\to P_0)$$

为了区别于一元函数的极限，我们把二元函数的极限叫作二重极限.

**例 4.5** 求 $\lim\limits_{(x, y)\to(0, 2)} \dfrac{\sin xy}{x}$.

**解** $$\lim_{(x, y)\to(0, 2)} \frac{\sin xy}{x}=\lim_{(x, y)\to(0, 2)} \frac{\sin xy}{xy}\cdot y=\lim_{u\to 0}\frac{\sin u}{u}\cdot\lim_{y\to 2}y=2$$

必须注意，所谓二重极限存在，是指 $P(x, y)$以任何方式趋于 $P_0(x_0, y_0)$时，函数都无限接近于 $A$. 因此，如果 $P(x, y)$以某一特殊方式，例如沿着一条定直线或曲线趋于 $P_0(x_0, y_0)$时，即使函数无限接近于某一确定值，我们还不能由此断定函数的极限存在. 但是反过来，如果当 $P(x, y)$以不同方式趋于 $P_0(x_0, y_0)$时，函数趋于不同的值，则可以断定此函数的极限不存在.

正如一元函数的极限一样，二重极限也有类似的运算法则：

如果当$(x, y)\to(x_0, y_0)$时，$f(x, y)\to A$，$g(x, y)\to B$，那么

(1) $f(x, y)\pm g(x, y)\to A\pm B$；

(2) $f(x, y)\cdot g(x, y)\to A\cdot B$；

(3) $\dfrac{f(x, y)}{g(x, y)}\to\dfrac{A}{B}(B\neq 0)$.

## 三、二元函数的连续性

**定义 4.5** 设二元函数 $z=f(x, y)$在点 $P_0(x_0, y_0)$的某个邻域内有定义. 若极限 $\lim\limits_{(x, y)\to(x_0, y_0)} f(x, y)=f(x_0, y_0)$存在，则称函数 $z=f(x, y)$在点 $P_0(x_0, y_0)$处连续. 若函数$z=f(x, y)$在区域 $D$ 上的每一点都连续，则称 $f(x, y)$在 $D$ 上连续.

二元函数连续的几何意义是：连续函数的图形是一张无裂缝、无孔洞的曲面.

如果函数 $z=f(x, y)$在点 $P_0(x_0, y_0)$处不连续，称点 $P_0(x_0, y_0)$是二元函数 $z=f(x, y)$的不连续点或间断点.

二元连续函数的和、差、积、商(分母不为零)和复合函数仍是连续函数.

由二元初等函数的连续性知，如果要求它在点 $P_0$ 处的极限，而该点又在此函数的定义域内，则极限值就是函数在该点的函数值，即

$$\lim_{P \to P_0} f(x, y) = f(P_0)$$

一般地，求 $\lim\limits_{P \to P_0} f(P)$ 时，如果 $f(P)$ 是初等函数，且 $P_0$ 是 $f(P)$ 的定义域的内点，则 $f(P)$ 在点 $P_0$ 处连续，于是

$$\lim_{P \to P_0} f(P) = f(P_0)$$

**例 4.6**　求 $\lim\limits_{(x, y) \to (1, 2)} \dfrac{x+y}{xy}$.

**解**　函数 $f(x, y) = \dfrac{x+y}{xy}$ 是初等函数，它的定义域为 $D = \{(x, y) \mid x \neq 0, y \neq 0\}$.

由 $P_0(1, 2)$ 为 $D$ 的内点知，存在 $P_0$ 的某一邻域 $U(P_0)$ 是 $f(x, y)$ 的一个定义区域. 所以

$$\lim_{(x, y) \to (1, 2)} \frac{x+y}{xy} = f(1, 2) = \frac{3}{2}$$

**例 4.7**　求 $\lim\limits_{(x, y) \to (0, 0)} \dfrac{\sqrt{xy+1}-1}{xy}$.

**解**

$$\lim_{(x, y) \to (0, 0)} \frac{\sqrt{xy+1}-1}{xy} = \lim_{(x, y) \to (0, 0)} \frac{xy+1-1}{xy(\sqrt{xy+1}+1)} = \lim_{(x, y) \to (0, 0)} \frac{1}{\sqrt{xy+1}+1} = \frac{1}{2}$$

## 习题 4.1

1. 求下列二元函数的定义域：

(1) $z = f(x, y) = \sqrt{x}\ln(x-y)$；

(2) $z = f(x, y) = \ln(1-x^2-y^2)$.

2. 判断下列极限是否存在.

(1) $\lim\limits_{(x, y) \to (0, 0)} \dfrac{xy}{x^2+y^2}$；

(2) $\lim\limits_{(x, y) \to (0, 0)} \dfrac{x+y}{x-y}$.

3. 求下列极限.

(1) $\lim\limits_{(x, y) \to (6, 0)} \dfrac{\sin xy}{y}$；

(2) $\lim\limits_{(x,y)\to(1,0)} \dfrac{\ln(1+xy)}{y}$;

(3) $\lim\limits_{(x,y)\to(1,2)} \dfrac{x+y}{x^2-xy+y^2}$;

(4) $\lim\limits_{(x,y)\to(0,0)} \dfrac{2-\sqrt{xy+4}}{xy}$;

(5) $\lim\limits_{(x,y)\to(0,0)} \dfrac{(2+x)\sin(x^2+y^2)}{x^2+y^2}$;

(6) $\lim\limits_{(x,y)\to(0,0)} \dfrac{x^2y^2}{x^2+y^2}$;

(7) $\lim\limits_{(x,y)\to(0,0)} \left(x\sin\dfrac{1}{y}+y\cos\dfrac{1}{x}\right)$.

4. 讨论下列函数的连续性.

$$f(x,y)=\begin{cases} \dfrac{xy}{x^2+y^2}, & (x,y)\neq(0,0) \\ 0, & (x,y)=(0,0) \end{cases}$$

# 第 2 节　偏　导　数

## 一、偏导数的定义

**定义 4.6**　设函数 $z=f(x, y)$在点$(x_0, y_0)$的某一邻域内有定义，当 $y$ 固定在 $y_0$ 而 $x$ 在 $x_0$ 处有增量 $\Delta x$ 时，相应地函数有增量 $f(x_0+\Delta x, y_0)-f(x_0, y_0)$. 如果极限

$$\lim_{\Delta x\to 0}\frac{f(x_0+\Delta x, y_0)-f(x_0, y_0)}{\Delta x}$$

存在，则称此极限为函数 $z=f(x, y)$在点$(x_0, y_0)$处对 $x$ 的偏导数，记作

$$\left.\frac{\partial z}{\partial x}\right|_{\substack{x=x_0\\ y=y_0}},\ \left.\frac{\partial f}{\partial x}\right|_{\substack{x=x_0\\ y=y_0}},\ \left.z'_x\right|_{\substack{x=x_0\\ y=y_0}} \text{或 } f'_x(x_0, y_0)$$

例如

$$f'_x(x_0, y_0)=\lim_{\Delta x\to 0}\frac{f(x_0+\Delta x, y_0)-f(x_0, y_0)}{\Delta x}$$

类似地，函数 $z=f(x, y)$在点$(x_0, y_0)$处对 $y$ 的偏导数定义为

$$\lim_{\Delta y\to 0}\frac{f(x_0, y_0+\Delta y)-f(x_0, y_0)}{\Delta y}$$

记作

$$\left.\frac{\partial z}{\partial y}\right|_{\substack{x=x_0\\ y=y_0}},\ \left.\frac{\partial f}{\partial y}\right|_{\substack{x=x_0\\ y=y_0}},\ \left.z'_y\right|_{\substack{x=x_0\\ y=y_0}} \text{或 } f'_y(x_0, y_0)$$

实际上，在两个自变量 $x$ 和 $y$ 中把 $y$ 看作常量，将 $f(x, y)$看作关于 $x$ 的一元函数而求导数，就是 $f(x, y)$关于 $x$ 的偏导数.

**定义 4.7**　如果函数 $z=f(x, y)$在区域 $D$ 内每一点$(x, y)$处对 $x$ 的偏导数都存在，那么这个偏导数就是 $x$、$y$ 的函数，它就称为函数 $z=f(x, y)$对自变量 $x$ 的偏导函数，记作

$$\frac{\partial z}{\partial x},\ \frac{\partial f}{\partial x},\ z'_x \text{或 } f'_x(x, y)$$

其定义式为

$$f'_x(x, y)=\lim_{\Delta x\to 0}\frac{f(x+\Delta x, y)-f(x, y)}{\Delta x}$$

类似地，可定义函数 $z=f(x, y)$对 $y$ 的偏导函数，记为

$$\frac{\partial z}{\partial y},\ \frac{\partial f}{\partial y},\ z'_y \text{或 } f'_y(x, y)$$

其定义式为

$$f'_y(x, y)=\lim_{\Delta y\to 0}\frac{f(x, y+\Delta y)-f(x, y)}{\Delta y}$$

**注** 偏导函数也简称偏导数. 二元函数 $z=f(x, y)$对于自变量 $x$ 的偏导数也可记为 $z_x$ 或 $f_x(x, y)$；二元函数 $z=f(x, y)$对于自变量 $y$ 的偏导数也可记为 $z_y$ 或 $f_y(x, y)$. 求二元函数的偏导数就是先将一个自变量固定为常量，再求函数对于另外一个自变量的一元函数的导数. 因此，一元函数的求导公式以及求导法则对于多元函数求偏导数依然适用.

由偏导数的概念可知，函数 $z=f(x, y)$在点$(x_0, y_0)$处关于 $x$ 的偏导数 $f'_x(x_0, y_0)$就是 $f'_x(x, y)$在点$(x_0, y_0)$的函数值，而 $f'_y(x_0, y_0)$就是偏导数 $f'_y(x, y)$在点$(x_0, y_0)$的函数值.

偏导数的概念还可推广到二元以上的函数. 例如，三元函数 $u=f(x, y, z)$在点$(x, y, z)$处对 $x$ 的偏导数定义为

$$f'_x(x, y, z)=\lim_{\Delta x\to 0}\frac{f(x+\Delta x, y, z)-f(x, y, z)}{\Delta x}$$

其中$(x, y, z)$是函数 $u=f(x, y, z)$的定义域的内点. 它们的求法也是一元函数的微分法问题.

## 二、偏导数的计算方法

在实际求 $z=f(x, y)$的偏导数时，并不需要用新的方法，因为这里只有一个自变量在变动，另一个自变量是看作固定的，所以仍旧是一元函数的微分法问题. 求$\frac{\partial f}{\partial x}$时，只要把 $y$ 暂时看作常量而对 $x$ 求导数；求$\frac{\partial f}{\partial y}$时，只要把 $x$ 暂时看作常量而对 $y$ 求导数.

**例 4.8** 求 $z=x^2\sin 3y$ 的偏导数.

**解** 把 $y$ 固定，对 $x$ 求导数，得

$$\frac{\partial z}{\partial x}=2x\sin 3y$$

把 $x$ 固定，对求 $y$ 导数，得

$$\frac{\partial z}{\partial y}=3x^2\cos 3y$$

**例 4.9** 求 $z=x^2+3xy+y^2$ 在点(1, 2)处的偏导数.

**解** 因为

$$\frac{\partial z}{\partial x}=2x+3y,\ \frac{\partial z}{\partial y}=3x+2y$$

所以

$$\left.\frac{\partial z}{\partial x}\right|_{\substack{x=1\\y=2}}=2\times 1+3\times 2=8,\ \left.\frac{\partial z}{\partial y}\right|_{\substack{x=1\\y=2}}=3\times 1+2\times 2=7$$

**例 4.10**　设 $z=x^y(x>0,\ x\neq 1)$，求证：$\frac{x}{y}\frac{\partial z}{\partial x}+\frac{1}{\ln x}\frac{\partial z}{\partial y}=2z$.

**证明**　因为

$$\frac{\partial z}{\partial x}=yx^{y-1},\ \frac{\partial z}{\partial y}=x^y\ln x$$

所以

$$\frac{x}{y}\frac{\partial z}{\partial x}+\frac{1}{\ln x}\frac{\partial z}{\partial y}=\frac{x}{y}yx^{y-1}+\frac{1}{\ln x}x^y\ln x=x^y+x^y=2z$$

**例 4.11**　求 $r=\sqrt{x^2+y^2+z^2}$ 的偏导数.

**解**

$$\frac{\partial r}{\partial x}=\frac{1}{2}\frac{2x}{\sqrt{x^2+y^2+z^2}}=\frac{x}{r}$$

$$\frac{\partial r}{\partial y}=\frac{1}{2}\frac{2y}{\sqrt{x^2+y^2+z^2}}=\frac{y}{r}$$

$$\frac{\partial r}{\partial z}=\frac{1}{2}\frac{2z}{\sqrt{x^2+y^2+z^2}}=\frac{z}{r}$$

**例 4.12**　已知理想气体的状态方程为 $pV=RT$（$R$ 为常数），求证：$\frac{\partial p}{\partial V}\cdot\frac{\partial V}{\partial T}\cdot\frac{\partial T}{\partial p}=-1$.

**证明**　因为

$$p=\frac{RT}{V},\ \frac{\partial p}{\partial V}=-\frac{RT}{V^2}$$

$$V=\frac{RT}{p},\ \frac{\partial V}{\partial T}=\frac{R}{p}$$

$$T=\frac{pV}{R},\ \frac{\partial T}{\partial p}=\frac{V}{R}$$

所以

$$\frac{\partial p}{\partial V}\cdot\frac{\partial V}{\partial T}\cdot\frac{\partial T}{\partial p}=-\frac{RT}{V^2}\cdot\frac{R}{p}\cdot\frac{V}{R}=-\frac{RT}{pV}=-1$$

## 三、高阶偏导数

**定义 4.8**　设函数 $z=f(x,\ y)$ 在区域 $D$ 内具有偏导数

$$\frac{\partial z}{\partial x}=f'_x(x,\ y),\quad \frac{\partial z}{\partial y}=f'_y(x,\ y)$$

于是在 $D$ 内 $f'_x(x,\ y)$、$f'_y(x,\ y)$ 都是 $x$，$y$ 的函数. 如果这两个函数的偏导数也存在，则称它们是函数 $z=f(x,\ y)$ 的二阶偏导数. 按照对变量求导次序的不同有下列四个二阶偏导数：

$$\frac{\partial}{\partial x}\left(\frac{\partial z}{\partial x}\right)=\frac{\partial^2 z}{\partial x^2}=f''_{xx}(x,\ y),\ \frac{\partial}{\partial y}\left(\frac{\partial z}{\partial x}\right)=\frac{\partial^2 z}{\partial x\partial y}=f''_{xy}(x,\ y)$$

$$\frac{\partial}{\partial x}\left(\frac{\partial z}{\partial y}\right)=\frac{\partial^2 z}{\partial y\partial x}=f''_{yx}(x, y), \frac{\partial}{\partial y}\left(\frac{\partial z}{\partial y}\right)=\frac{\partial^2 z}{\partial y^2}=f''_{yy}(x, y)$$

其中$\frac{\partial}{\partial y}\left(\frac{\partial z}{\partial x}\right)=\frac{\partial^2 z}{\partial x\partial y}=f''_{xy}(x, y)$和$\frac{\partial}{\partial x}\left(\frac{\partial z}{\partial y}\right)=\frac{\partial^2 z}{\partial y\partial x}=f''_{yx}(x, y)$称为混合偏导数.

同样可得三阶、四阶以及 $n$ 阶偏导数. 二阶及二阶以上的偏导数统称为高阶偏导数.

**例 4.13** 设 $z=x^3y^2-3xy^3-xy+1$，求$\frac{\partial^2 z}{\partial x^2}$、$\frac{\partial^3 z}{\partial x^3}$、$\frac{\partial^2 z}{\partial x\partial y}$和$\frac{\partial^2 z}{\partial y\partial x}$.

**解** 因为

$$\frac{\partial z}{\partial x}=3x^2y^2-3y^3-y, \frac{\partial z}{\partial y}=2x^3y-9xy^2-x$$

所以

$$\frac{\partial^2 z}{\partial x^2}=6xy^2, \frac{\partial^3 z}{\partial x^3}=6y^2$$

$$\frac{\partial^2 z}{\partial x\partial y}=6x^2y-9y^2-1, \frac{\partial^2 z}{\partial y\partial x}=6x^2y-9y^2-1$$

观察例 4.13 可知$\frac{\partial^2 z}{\partial y\partial x}=\frac{\partial^2 z}{\partial x\partial y}$，在什么情况下两个二阶混合偏导数相等？下面给出判断依据.

**定理 4.1** 如果函数 $z=f(x, y)$的两个二阶混合偏导数$\frac{\partial^2 z}{\partial x\partial y}$及$\frac{\partial^2 z}{\partial y\partial x}$在区域 $D$ 内连续，那么在该区域内这两个二阶混合偏导数必相等.

**例 4.14** 验证函数 $z=\ln\sqrt{x^2+y^2}$ 满足方程$\frac{\partial^2 z}{\partial x^2}+\frac{\partial^2 z}{\partial y^2}=0$.

**证明** 因为

$$z=\ln\sqrt{x^2+y^2}=\frac{1}{2}\ln(x^2+y^2)$$

所以

$$\frac{\partial z}{\partial x}=\frac{x}{x^2+y^2}, \frac{\partial z}{\partial y}=\frac{y}{x^2+y^2}$$

$$\frac{\partial^2 z}{\partial x^2}=\frac{(x^2+y^2)-x\cdot 2x}{(x^2+y^2)^2}=\frac{y^2-x^2}{(x^2+y^2)^2}$$

$$\frac{\partial^2 z}{\partial y^2}=\frac{(x^2+y^2)-y\cdot 2y}{(x^2+y^2)^2}=\frac{x^2-y^2}{(x^2+y^2)^2}$$

因此

$$\frac{\partial^2 z}{\partial x^2}+\frac{\partial^2 z}{\partial y^2}=\frac{x^2-y^2}{(x^2+y^2)^2}+\frac{y^2-x^2}{(x^2+y^2)^2}=0$$

# 习题 4.2

1. 求函数 $z=x^3+3x^2y+y^4+2$ 在点(1, 2)处的偏导数.

2. 求函数 $z=x^3-3xy^2$ 在点(1, 2)处的偏导数.

3. 求函数 $z=x\sin(x+y)$的偏导数.

4. 求函数 $z=x^2y^3\sin(2xy)$的偏导数.

5. 求函数 $u=x^2y+y^2z+z^2x$ 的偏导数.

6. 求函数 $u=x\cos\left(x+\dfrac{1}{y}-e^x\right)$的偏导数.

7. 求函数 $z=x\ln(xy)$的二阶偏导数.

8. 求函数 $z=x^3y^2-3xy^3-xy+1$ 的二阶偏导数.

9. 求下列函数的偏导数：

(1) $z=x^3y-xy^3$；

(2) $z=x^4+y^4-4x^2y^2$；

(3) $z=xy+\dfrac{x}{y}$；

(4) $u=x^{\frac{y}{z}}$.

# 第3节 全微分

在实际中，有时需计算当两个自变量都改变时二元函数 $z=f(x, y)$ 的改变量 $f(x_0+\Delta x, y_0+\Delta y)-f(x_0, y_0)$. 一般来说，计算这个改变量比较麻烦，因此我们希望找出计算它的近似公式. 该公式应满足：① 好算；② 有一定的精确度.

类似一元函数的微分概念，引入记号和定义：

$$\Delta z=f(x_0+\Delta x, y_0+\Delta y)-f(x_0, y_0)$$

称 $\Delta z$ 为 $z=f(x, y)$ 在点 $(x_0, y_0)$ 的全增量.

## 一、全微分的定义

**定义 4.9** 如果二元函数 $z=f(x, y)$ 在点 $(x, y)$ 的全增量 $\Delta z=f(x+\Delta x, y+\Delta y)-f(x, y)$ 可表示为

$$\Delta z=A\Delta x+B\Delta y+o(\rho)$$

其中 $A$、$B$ 不依赖于 $\Delta x$、$\Delta y$ 而仅与 $x$、$y$ 有关，$\rho=\sqrt{(\Delta x)^2+(\Delta y)^2}$，则称函数 $z=f(x, y)$ 在点 $(x, y)$ 处可微分，而称 $A\Delta x+B\Delta y$ 为函数 $z=f(x, y)$ 在点 $(x, y)$ 处的全微分，记作 $\mathrm{d}z$，即

$$\mathrm{d}z=A\Delta x+B\Delta y$$

**定义 4.10** 如果函数在区域 $D$ 内各点处都可微分，那么称该函数在 $D$ 内可微分.

可微必连续(但偏导数存在，不一定能保证函数在该点连续). 这是因为如果 $z=f(x, y)$ 在点 $(x, y)$ 处可微分，则

$$\Delta z=f(x+\Delta x, y+\Delta y)-f(x, y)=A\Delta x+B\Delta y+o(\rho)$$

于是 $\lim\limits_{\rho\to 0}\Delta z=0$，从而

$$\lim_{(\Delta x, \Delta y)\to(0, 0)} f(x+\Delta x, y+\Delta y)=\lim_{\rho\to 0}[f(x, y)+\Delta z]=f(x, y)$$

因此函数 $z=f(x, y)$ 在点 $(x, y)$ 处连续.

下面讨论函数 $z=f(x, y)$ 在点 $(x, y)$ 处可微分的条件.

**定理 4.2(必要条件)** 如果函数 $f(x, y)$ 在点 $(x, y)$ 处可微分，则该函数在点 $(x, y)$ 处的偏导数 $\frac{\partial z}{\partial x}$、$\frac{\partial z}{\partial y}$ 必定存在，且函数 $z=f(x, y)$ 在点 $(x, y)$ 处的全微分为

$$\mathrm{d}z=\frac{\partial z}{\partial x}\Delta x+\frac{\partial z}{\partial y}\Delta y$$

**证明** 设函数 $z=f(x, y)$ 在点 $P(x, y)$ 处可微分. 于是，对于点 $P$ 的某个邻域内的任意一点 $P'(x+\Delta x, y+\Delta y)$，有 $\Delta z=A\Delta x+B\Delta y+o(\rho)$. 特别当 $\Delta y=0$ 时有

$$f(x+\Delta x, y)-f(x, y)=A\Delta x+o(|\Delta x|)$$

上式两边各除以 $\Delta x$，再令 $\Delta x\to 0$ 而取极限，就得

$$\lim_{\Delta x\to 0}\frac{f(x+\Delta x, y)-f(x, y)}{\Delta x}=A$$

从而偏导数$\frac{\partial z}{\partial x}$存在，且$\frac{\partial z}{\partial x}=A$.

同理可证偏导数$\frac{\partial z}{\partial y}$存在，且$\frac{\partial z}{\partial y}=B$. 所以

$$dz=\frac{\partial z}{\partial x}\Delta x+\frac{\partial z}{\partial y}\Delta y$$

偏导数$\frac{\partial z}{\partial x}$、$\frac{\partial z}{\partial y}$存在是可微分的必要条件，但不是充分条件. 例如，函数

$$f(x, y)=\begin{cases}\dfrac{xy}{\sqrt{x^2+y^2}}, & x^2+y^2\neq 0\\ 0, & x^2+y^2=0\end{cases}$$

在点(0, 0)处虽然有 $f'_x(0, 0)=0$ 及 $f'_y(0, 0)=0$，但函数在点(0, 0)处不可微分，即 $\Delta z-[f'_x(0, 0)\Delta x+f'_y(0, 0)\Delta y]$不是较 $\rho$ 高阶的无穷小. 这是因为当$(\Delta x, \Delta y)$沿直线 $y=x$ 趋于(0, 0)时，有

$$\frac{\Delta z-[f'_x(0, 0)\cdot\Delta x+f'_y(0, 0)\cdot\Delta y]}{\rho}=\frac{\Delta x\cdot\Delta y}{(\Delta x)^2+(\Delta y)^2}=\frac{\Delta x\cdot\Delta x}{(\Delta x)^2+(\Delta x)^2}=\frac{1}{2}\neq 0$$

**定理 4.3(充分条件)** 如果函数 $z=f(x, y)$的偏导数$\frac{\partial z}{\partial x}$、$\frac{\partial z}{\partial y}$在点$(x, y)$处连续，则函数在该点可微分.

定理 4.2 和定理 4.3 的结论可推广到三元及三元以上函数.

习惯上，我们将自变量的增量 $\Delta x$、$\Delta y$ 分别记作 $dx$、$dy$，并分别称为自变量 $x$、$y$ 的微分. 这样，函数 $z=f(x, y)$的全微分就可写作

$$dz=\frac{\partial z}{\partial x}dx+\frac{\partial z}{\partial y}dy$$

通常把二元函数的全微分等于它的两个偏微分之和称为二元函数的微分符合叠加原理. 叠加原理也适用于二元以上的函数. 例如，函数 $u=f(x, y, z)$的全微分为

$$du=\frac{\partial u}{\partial x}dx+\frac{\partial u}{\partial y}dy+\frac{\partial u}{\partial z}dz$$

**例 4.15** 求函数 $z=x^2y^2$ 在点(2, −1)处当 $\Delta x=0.02$、$\Delta y=-0.01$ 时的全增量与全微分.

**解** 全增量为

$$\Delta z=(2+0.02)^2\times(-1-0.01)^2-2^2\times(-1)^2=0.1624$$

函数 $z=x^2y^2$ 的两个偏导数分别为

$$\frac{\partial z}{\partial x}=2xy^2,\ \frac{\partial z}{\partial y}=2x^2y$$

因为它们都是连续的，所以全微分是存在的，其值为

$$dz=4\times0.02+(-8)\times(-0.01)=0.16$$

**例 4.16** 计算函数 $z=x^2y+y^2$ 的全微分.

**解** 因为

$$\frac{\partial z}{\partial x}=2xy,\ \frac{\partial z}{\partial y}=x^2+2y,$$

所以

$$dz=2xy\,dx+(x^2+2y)\,dy$$

**例 4.17** 计算函数 $z=e^{xy}$ 在点(2，1)处的全微分.

**解** 因为

$$\frac{\partial z}{\partial x}=ye^{xy},\ \frac{\partial z}{\partial y}=xe^{xy}$$

$$\left.\frac{\partial z}{\partial x}\right|_{\substack{x=2\\y=1}}=e^2,\ \left.\frac{\partial z}{\partial y}\right|_{\substack{x=2\\y=1}}=2e^2$$

所以

$$dz=e^2dx+2e^2dy$$

**例 4.18** 计算函数 $u=x+\sin\dfrac{y}{2}+e^{yz}$ 的全微分.

**解** 因为

$$\frac{\partial u}{\partial x}=1,\ \frac{\partial u}{\partial y}=\frac{1}{2}\cos\frac{y}{2}+ze^{yz},\ \frac{\partial u}{\partial z}=ye^{yz}$$

所以

$$du=dx+\left(\frac{1}{2}\cos\frac{y}{2}+ze^{yz}\right)dy+ye^{yz}dz$$

## 二、全微分在近似计算中的应用

设二元函数 $z=f(x, y)$在点$(x, y)$处可微，则函数的全增量与全微分之差是高阶无穷小，有近似公式 $\Delta z\approx dz$，即

$$f(x+\Delta x, y+\Delta y)-f(x, y)\approx f'_x(x, y)\Delta x+f'_y(x, y)\Delta y$$

**例 4.19** 计算$(1.02)^{1.99}$ 的近似值.

**解** 令函数 $z=f(x, y)=x^y$，取 $x=1$，$\Delta x=0.02$，$y=2$，$\Delta y=-0.01$.

因为

$$f'_x(x, y)=yx^{y-1},\ f'_y(x, y)=x^y\ln x$$

所以

$$f(1,2)=1,\ f'_x(1,2)=2,\ f'_y(1,2)=0$$

由此可得

$$\begin{aligned}(1.02)^{1.99} &\approx f(1,2)+f'_x(1,2)\times 0.02+f'_y(1,2)\times(-0.01)\\ &=1+2\times 0.02-0\times 0.01=1.04\end{aligned}$$

## 习题 4.3

1. 计算二元函数 $z=e^{2x}\sin y$ 的全微分.

2. 计算三元函数 $u=x^{yz}$ 的全微分.

3. 求函数 $\dfrac{\partial z}{\partial x}=\ln(1+x^2+y^2)$ 当 $x=1$、$y=2$ 时的全微分.

4. 计算 $(1.98)^{4.01}$ 的近似值.

5. 计算 $(1.04)^{2.02}$ 的近似值.

6. 计算 $(1.97)^{1.05}$ 的近似值($\ln 2\approx 0.693$).

7. 有一个金属铝制的圆锥形半成品，在加热的情况下它的圆底的半径从 40 cm 膨胀到了 40.05 cm，它的高也从 60 cm 膨胀到了 60.1 cm，试用全微分近似公式计算这个铝制半成品的体积增量的近似值.

# 第4节 多元复合函数和隐函数的求导法则

## 一、复合函数的求导法则

我们已经知道一元函数中复合函数的求导法则在一元函数微分学中有重要的作用，同样多元函数的求导法则在多元函数微分学中也有很重要的作用，现在把一元复合函数的求导法则推广到多元复合函数的情形. 下面先对二元函数的复合函数进行研究.

设函数 $z=f(u,v)$，其中 $u=\varphi(x,y)$，$v=\psi(x,y)$都是关于 $x$，$y$ 的函数，于是 $z=f[\varphi(x,y),\psi(x,y)]$是关于 $x$，$y$ 的函数，则称函数 $z=f[\varphi(x,y),\psi(x,y)]$是 $z=f(u,v)$与 $u=\varphi(x,y)$，$v=\psi(x,y)$的复合函数.

下面的定理给出了二元复合函数的求导公式.

**定理 4.4** 如果函数 $u=\varphi(x,y)$，$v=\psi(x,y)$在点$(x,y)$处有偏导数，函数 $z=f(u,v)$在对应点$(u,v)$处有连续偏导数，则复合函数 $z=f[\varphi(x,y),\psi(x,y)]$在点$(x,y)$处的两个偏导数都存在，并且有

$$\frac{\partial z}{\partial x}=\frac{\partial z}{\partial u}\cdot\frac{\partial u}{\partial x}+\frac{\partial z}{\partial v}\cdot\frac{\partial v}{\partial x},\ \frac{\partial z}{\partial y}=\frac{\partial z}{\partial u}\cdot\frac{\partial u}{\partial y}+\frac{\partial z}{\partial v}\cdot\frac{\partial v}{\partial y}$$

推广：设 $z=f(u,v,w)$，$u=\varphi(x,y)$，$v=\psi(x,y)$，$w=\omega(x,y)$，则

$$\frac{\partial z}{\partial x}=\frac{\partial z}{\partial u}\cdot\frac{\partial u}{\partial x}+\frac{\partial z}{\partial v}\cdot\frac{\partial v}{\partial x}+\frac{\partial z}{\partial w}\cdot\frac{\partial w}{\partial x},\ \frac{\partial z}{\partial y}=\frac{\partial z}{\partial u}\cdot\frac{\partial u}{\partial y}+\frac{\partial z}{\partial v}\cdot\frac{\partial v}{\partial y}+\frac{\partial z}{\partial w}\cdot\frac{\partial w}{\partial y}$$

**例 4.20** 设 $z=e^{x^2+y^2}\cos(xy)$，求$\frac{\partial z}{\partial x}$，$\frac{\partial z}{\partial y}$.

**解** 引入中间变量，按二元复合函数的求导法则计算.

设 $u=x^2+y^2$，$v=xy$，则 $z=e^u\cos v$.

由于

$$\frac{\partial z}{\partial u}=e^u\cos v,\ \frac{\partial z}{\partial v}=e^u(-\sin v),\ \frac{\partial u}{\partial x}=2x,\ \frac{\partial u}{\partial y}=2y,\ \frac{\partial v}{\partial x}=y,\ \frac{\partial v}{\partial y}=x$$

因此

$$\begin{aligned}\frac{\partial z}{\partial x}&=\frac{\partial z}{\partial u}\cdot\frac{\partial u}{\partial x}+\frac{\partial z}{\partial v}\cdot\frac{\partial v}{\partial x}=e^u\cos v\cdot 2x+e^u(-\sin v)\cdot y\\&=2xe^{x^2+y^2}\cos(xy)-ye^{x^2+y^2}\sin(xy)\end{aligned}$$

$$\begin{aligned}\frac{\partial z}{\partial y}&=\frac{\partial z}{\partial u}\cdot\frac{\partial u}{\partial y}+\frac{\partial z}{\partial v}\cdot\frac{\partial v}{\partial y}=e^u\cos v\cdot 2y+e^u(-\sin v)\cdot x\\&=2ye^{x^2+y^2}\cos(xy)-xe^{x^2+y^2}\sin(xy)\end{aligned}$$

**定义 4.11**　设 $z=f(u,v)$，其中 $u=\varphi(t)$，$v=\psi(t)$，则 $z=f[\varphi(t),\psi(t)]$是 $t$ 的一元函数，并且$\frac{\mathrm{d}z}{\mathrm{d}t}=\frac{\partial z}{\partial u}\cdot\frac{\mathrm{d}u}{\mathrm{d}t}+\frac{\partial z}{\partial v}\cdot\frac{\mathrm{d}v}{\mathrm{d}t}$，将$\frac{\mathrm{d}z}{\mathrm{d}t}$称为全导数.

**例 4.21**　设 $z=uv+\sin t$，而 $u=\mathrm{e}^t$，$v=\cos t$，求全导数$\frac{\mathrm{d}z}{\mathrm{d}t}$.

**解**　由于

$$\frac{\partial z}{\partial u}=v,\ \frac{\partial z}{\partial v}=u,\ \frac{\partial z}{\partial t}=\cos t$$

$$\frac{\partial u}{\partial t}=\mathrm{e}^t,\ \frac{\partial v}{\partial t}=-\sin t$$

因此

$$\begin{aligned}\frac{\mathrm{d}z}{\mathrm{d}t}&=\frac{\partial z}{\partial u}\cdot\frac{\mathrm{d}u}{\mathrm{d}t}+\frac{\partial z}{\partial v}\cdot\frac{\mathrm{d}v}{\mathrm{d}t}+\frac{\partial z}{\partial t}\\&=v\cdot\mathrm{e}^t+u\cdot(-\sin t)+\cos t\\&=\mathrm{e}^t\cos t-\mathrm{e}^t\sin t+\cos t\\&=\mathrm{e}^t(\cos t-\sin t)+\cos t\end{aligned}$$

**例 4.22**　设 $z=\ln(2v+3u)$，$u=3x^2$，$v=\sin x$，求$\frac{\mathrm{d}z}{\mathrm{d}x}$.

**解**　由于

$$\frac{\partial z}{\partial u}=\frac{3}{2v+3u}$$

$$\frac{\partial z}{\partial v}=\frac{2}{2v+3u}$$

$$\frac{\mathrm{d}u}{\mathrm{d}x}=6x$$

$$\frac{\mathrm{d}v}{\mathrm{d}x}=\cos x$$

因此

$$\begin{aligned}\frac{\mathrm{d}z}{\mathrm{d}x}&=\frac{\partial z}{\partial u}\cdot\frac{\mathrm{d}u}{\mathrm{d}x}+\frac{\partial z}{\partial v}\cdot\frac{\mathrm{d}v}{\mathrm{d}x}=\frac{3}{2v+3u}\cdot 6x+\frac{2}{2v+3u}\cdot\cos x\\&=\frac{18x+2\cos x}{2v+3u}=\frac{18x+2\cos x}{2\sin x+9x^2}\end{aligned}$$

**例 4.23**　设 $z=f(x^2-y^2,\mathrm{e}^{xy})$，其中 $f$ 为可微分函数，求$\frac{\partial z}{\partial x}$，$\frac{\partial z}{\partial y}$.

**解**　设 $u=x^2-y^2$，$v=\mathrm{e}^{xy}$，则 $z=f(u,v)$.

由于

$$\frac{\partial u}{\partial x}=2x,\ \frac{\partial u}{\partial y}=-2y,\ \frac{\partial v}{\partial x}=y\mathrm{e}^{xy},\ \frac{\partial v}{\partial y}=x\mathrm{e}^{xy}$$

因此

$$\frac{\partial z}{\partial x}=\frac{\partial f}{\partial u}\cdot\frac{\partial u}{\partial x}+\frac{\partial f}{\partial v}\cdot\frac{\partial v}{\partial x}=\frac{\partial f}{\partial u}\cdot 2x+\frac{\partial f}{\partial v}\cdot y\mathrm{e}^{xy}=2f'_u x+f'_v y\mathrm{e}^{xy}$$

$$\frac{\partial z}{\partial y}=\frac{\partial f}{\partial u}\cdot\frac{\partial u}{\partial y}+\frac{\partial f}{\partial v}\cdot\frac{\partial v}{\partial y}=\frac{\partial f}{\partial u}\cdot -2y+\frac{\partial f}{\partial v}\cdot x\mathrm{e}^{xy}=-2f'_u y+f'_v x\mathrm{e}^{xy}$$

## 二、隐函数的求导法则

在前面我们已经提出了隐函数的概念，并且指出了不经过显化直接由方程 $F(x, y)=0$ 求它所确定的隐函数的导数的方法. 下面利用多元复合函数的求导法则，来推导隐函数的求导公式.

### 1. 一元隐函数的求导公式

设方程 $F(x, y)=0$ 确定了一个一元隐函数 $y=f(x)$，$F(x, y)$有连续偏导数$\frac{\partial F}{\partial x}$和$\frac{\partial F}{\partial y}$，且$\frac{\partial F}{\partial y}\neq 0$. 将 $y=f(x)$代入 $F(x, y)=0$ 得恒等式 $F[x, f(x)]=0$，求导有$\frac{\partial F}{\partial x}+\frac{\partial F}{\partial y}\cdot\frac{\mathrm{d}y}{\mathrm{d}x}=0$. 因为$\frac{\partial F}{\partial y}\neq 0$，所以

$$\frac{\mathrm{d}y}{\mathrm{d}x}=-\frac{\frac{\partial F}{\partial x}}{\frac{\partial F}{\partial y}}=-\frac{F'_x}{F'_y}$$

**例 4.24** 求由方程 $\sin y+\mathrm{e}^x-xy^2=0$ 所确定的隐函数 $y=f(x)$的导数$\frac{\mathrm{d}y}{\mathrm{d}x}$.

**解** 设 $F(x, y)=\sin y+\mathrm{e}^x-xy^2$，则

$$\frac{\partial F}{\partial x}=\mathrm{e}^x-y^2,\quad \frac{\partial F}{\partial y}=\cos y-2xy$$

故

$$\frac{\mathrm{d}y}{\mathrm{d}x}=-\frac{\frac{\partial F}{\partial x}}{\frac{\partial F}{\partial y}}=-\frac{F'_x}{F'_y}=-\frac{\mathrm{e}^x-y^2}{\cos y-2xy}$$

### 2. 二元隐函数的求导公式

类似地，设方程 $F(x, y, z)=0$ 确定了一个二元隐函数 $z=f(x, y)$，$F(x, y, z)$有连续偏导数$\frac{\partial F}{\partial x}$、$\frac{\partial F}{\partial y}$和$\frac{\partial F}{\partial z}$，且$\frac{\partial F}{\partial z}\neq 0$. 将 $z=f(x, y)$代入 $F(x, y, z)=0$ 得恒等式 $F[x, y, f(x, y)]=0$，对 $x$，$y$ 求偏导数得

$$\frac{\partial F}{\partial x}+\frac{\partial F}{\partial z}\cdot\frac{\partial z}{\partial x}=0,\quad \frac{\partial F}{\partial y}+\frac{\partial F}{\partial z}\cdot\frac{\partial z}{\partial y}=0$$

由于$\dfrac{\partial F}{\partial z}\neq 0$，因此

$$\frac{\partial z}{\partial x}=-\frac{\dfrac{\partial F}{\partial x}}{\dfrac{\partial F}{\partial z}}=-\frac{F'_x}{F'_z},\ \frac{\partial z}{\partial y}=-\frac{\dfrac{\partial F}{\partial y}}{\dfrac{\partial F}{\partial z}}=-\frac{F'_y}{F'_z}$$

**例 4.25**　设 $e^z=xyz$ 所确定的二元函数 $z=f(x, y)$，求$\dfrac{\partial z}{\partial x}$，$\dfrac{\partial z}{\partial y}$.

**解**　将 $e^z=xyz$ 写成 $e^z-xyz=0$，令 $F(x, y, z)=e^z-xyz$，得

$$F'_x=-yz,\ F'_y=-xz,\ F'_z=e^z-xy$$

当 $e^z-xy\neq 0$ 时，有

$$\frac{\partial z}{\partial x}=-\frac{F'_x}{F'_z}=-\frac{-yz}{e^z-xy}=\frac{yz}{e^z-xy}=\frac{z}{xz-x}$$

$$\frac{\partial z}{\partial y}=-\frac{F'_y}{F'_z}=-\frac{-xz}{e^z-xy}=\frac{xz}{e^z-xy}=\frac{z}{yz-y}$$

**例 4.26**　设 $x^2+y^2+z^2=2rx$，求$\dfrac{\partial z}{\partial x}$，$\dfrac{\partial z}{\partial y}$.

**解**　设 $F(x, y, z)=x^2+y^2+z^2-2rx$.

由于

$$\frac{\partial F}{\partial x}=2x-2r,\ \frac{\partial F}{\partial y}=2y,\ \frac{\partial F}{\partial z}=2z$$

因此

$$\frac{\partial z}{\partial x}=-\frac{\dfrac{\partial F}{\partial x}}{\dfrac{\partial F}{\partial z}}=-\frac{2x-2r}{2z}=-\frac{x-r}{z}$$

$$\frac{\partial z}{\partial y}=-\frac{\dfrac{\partial F}{\partial y}}{\dfrac{\partial F}{\partial z}}=-\frac{2y}{2z}=-\frac{y}{z}$$

## 习题 4.4

1. 设 $z=e^{xy}\sin(x+y)$，求$\dfrac{\partial z}{\partial x}$，$\dfrac{\partial z}{\partial y}$.

2. 设 $z=e^{x-2y}$，$x=\sin t$，$x=t^3$，求$\dfrac{\partial z}{\partial t}$.

3. 设 $z=uv+\cos t$，$u=e^t$，$v=\sin t$，求$\frac{\partial z}{\partial t}$.

4. 设函数 $y=y(x)$由方程 $xy+2^x+\sin y=2$ 所确定，求$\frac{dy}{dx}$.

5. 设函数 $y=y(x)$由方程 $y^3+y-x^2=0$ 所确定，求$\left.\frac{dy}{dx}\right|_{x=0}$.

6. 设 $x^2+y^2+z^2=4z$，求$\frac{\partial z}{\partial x}$，$\frac{\partial z}{\partial y}$.

7. 设 $e^z-x^2yz=0$，求$\frac{\partial z}{\partial x}$，$\frac{\partial z}{\partial y}$.

8. 求函数 $z=f(x+y^2, y+x^2)$的一阶偏导数(其中 $f$ 可微).

9. 函数 $y=y(x)$由方程 $\sin y+e^x-x^2y^3=0$ 所确定，求$\frac{dy}{dx}$.

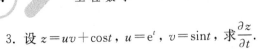

# 第 5 章

# 多元函数积分

5

# 第1节 二重积分

## 一、二重积分的概念

### 1. 引例

**例 5.1** 如图 5.1 所示，设有一立体，它的底是 $xOy$ 面上的闭区域 $D$，它的侧面是以 $D$ 的边界曲线为准线而母线平行于 $z$ 轴的柱面，它的顶是曲面 $z=f(x, y)$，这里 $f(x, y)>0$ 且在 $D$ 上连续. 这种立体叫作曲顶柱体. 现在要求该曲顶柱体的体积 $V$.

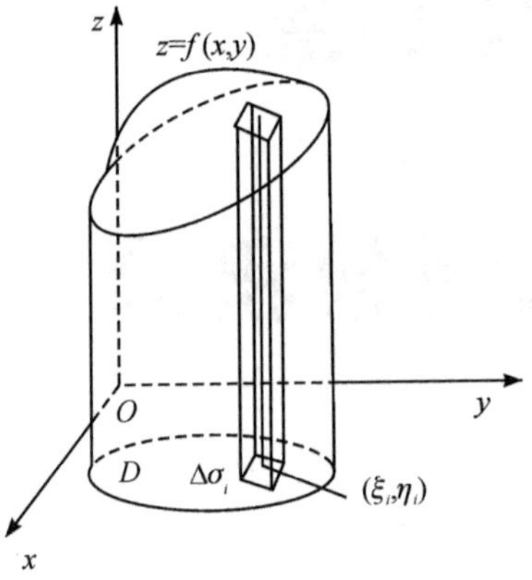


图 5.1

由于曲顶柱体的高 $f(x, y)$是变量，它的体积不能直接用体积公式来计算. 但仍可采用求曲边梯形面积的思想方法，即通过

**分割**：将区域 $D$ 任意分成 $n$ 个小区域

$$\Delta\sigma_1,\ \Delta\sigma_2,\ \cdots,\ \Delta\sigma_n$$

**近似**：在每个 $\Delta\delta_i$ 上任取一点$(\xi_i, \eta_i)$(见图 5.1)，则

$$\Delta V_i \approx f(\xi_i, \eta_i)\Delta\sigma_i (i=1, 2, \cdots, n)$$

**求和**：将上式累加，得

$$V=\sum_{i=1}^{n}\Delta V_i \approx \sum_{i=1}^{n} f(\xi_i, \eta_i)\Delta\sigma_i$$

**取极限**：令 $\Delta\delta_i$ 中的最大直径 $\lambda$ 趋于 0，得

$$V=\lim_{\lambda\to 0}\sum_{i=1}^{n} f(\xi_i, \eta_i)\Delta\sigma_i$$

**例 5.2** 如图 5.2 所示，设有一平面薄片占有 $xOy$ 面上的闭区域 $D$，它在点$(x, y)$处的面密度为$\rho(x, y)$，这里 $\rho(x, y)>0$ 且在 $D$ 上连续. 现在要计算该薄片的质量 $M$.

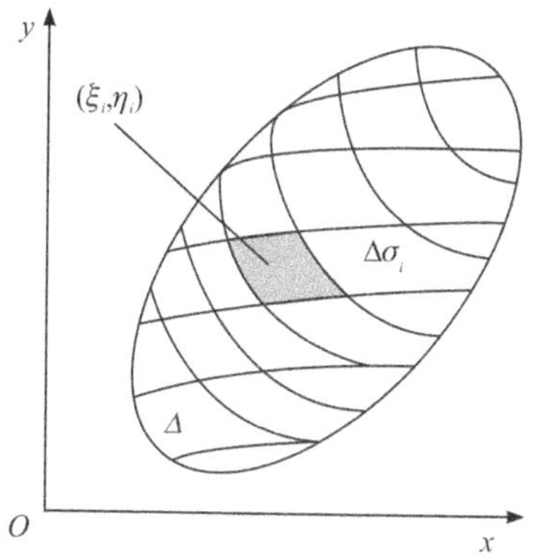


图 5.2

由于面密度 $\rho(x, y)$ 是变量，薄片的质量不能直接用密度公式 $M=\rho S$ 来计算. 但 $\rho(x, y)$ 是连续的，利用积分的思想，即通过

**分割**：将区域 $D$ 任意分成 $n$ 个小区域

$$\Delta\sigma_1, \Delta\sigma_2, \cdots, \Delta\sigma_n$$

**近似**：在每个 $\Delta\delta_i$ 上任取一点 $(\xi_i, \eta_i)$（见图 5.2），则

$$\Delta M_i \approx \rho(\xi_i, \eta_i)\Delta\sigma_i (i=1, 2, \cdots, n)$$

**求和**：将上式累加，得

$$M=\sum_{i=1}^{n}\Delta M_i \approx \sum_{i=1}^{n}\rho(\xi_i, \eta_i)\Delta\sigma_i$$

**取极限**：令 $\Delta\delta_i$ 中的最大直径 $\lambda$ 趋于 0，得

$$M=\lim_{\lambda\to 0}\sum_{i=1}^{n}\rho(\xi_i, \eta_i)\Delta\sigma_i$$

其实，在现实生活中还有很多量的求解都最终归结为上述类似和的极限. 为了在数学上统一研究这一类问题，我们引入下面的定义.

## 2. 二重积分的定义

**定义 5.1**　设 $f(x, y)$ 是有界闭区域 $D$ 上的有界函数，将闭区域 $D$ 任意分成 $n$ 个小闭区域

$$\Delta\sigma_1, \Delta\sigma_2, \cdots, \Delta\sigma_n$$

其中 $\Delta\sigma_i$ 表示第 $i$ 个小闭区域，也表示它的面积. 在每个 $\Delta\sigma_i$ 上任取一点 $(\xi_i, \eta_i)$，作乘积

$$f(\xi_i, \eta_i)\Delta\sigma_i (i=1, 2, \cdots, n)$$

并作和

$$\sum_{i=1}^{n} f(\xi_i, \eta_i)\Delta\sigma_i$$

如果当各小闭区域的直径中的最大值 $d=\max\{d_1, d_2, \cdots, d_n\}$ 趋于 0 时，这个和式的极限总存在，则称此极限值为函数 $f(x, y)$ 在闭区域 $D$ 上的二重积分，记作 $\iint\limits_D f(x, y)\mathrm{d}\sigma$，即

$$\iint_D f(x, y,)\mathrm{d}\sigma = \lim_{d\to 0}\sum_{i=1}^{n} f(\xi_i, \eta_i)\Delta\sigma_i$$

其中 $f(x, y)$ 称为被积函数，$f(x, y)\mathrm{d}\sigma$ 称为被积表达式，$x$ 与 $y$ 称为积分变量，$D$ 称为积分区域，$\sum_{i=1}^{n} f(\xi_i, \eta_i)\Delta\sigma_i$ 称为积分和，$\mathrm{d}\sigma$ 称为面积元素.

在二重积分的定义中，对区域 $D$ 的分割是任意的，如果在直角坐标系中用平行于坐标轴的直线网来分割区域 $D$，则除了含边界点的一些小区域外，其余小区域都为矩形区域，故面积元素 $\mathrm{d}\sigma=\mathrm{d}x\mathrm{d}y$，所以在直角坐标系中，二重积分可记为

$$\iint_D f(x, y)\mathrm{d}\sigma = \iint_D f(x, y)\mathrm{d}x\mathrm{d}y$$

当 $f(x, y)$ 连续，且 $f(x, y)\geqslant 0$ 时，$\iint_D f(x, y)\mathrm{d}\sigma$ 表示以积分区域 $D$ 为底，曲面 $z=f(x, y)$ 为顶面的曲顶柱体的体积，这就是二重积分的几何意义.

如果函数 $f(x, y)$ 在有界闭区域 $D$ 上连续，则 $f(x, y)$ 在 $D$ 上一定可积. 所以我们后面遇到的被积函数 $f(x, y)$ 多数在闭区域 $D$ 上是连续的.

## 二、二重积分的性质

**性质 5.1** 设 $\alpha$、$\beta$ 为常数，则

$$\iint_D [\alpha f(x, y)+\beta g(x, y)]\mathrm{d}\sigma = \alpha\iint_D f(x, y)\mathrm{d}\sigma + \beta\iint_D g(x, y)\mathrm{d}\sigma$$

**性质 5.2** 如果 $f(x, y)$ 在有界闭区域 $D$ 上可积，$D$ 被连续曲线分成 $D_1$、$D_2$ 两部分，$D=D_1\cup D_2$ 且 $D_1$、$D_2$ 无公共内点，则 $f(x, y)$ 在区域 $D_1$、$D_2$ 上可积，且

$$\iint_D f(x, y)\mathrm{d}\sigma = \iint_{D_1} f(x, y)\mathrm{d}\sigma + \iint_{D_2} f(x, y)\mathrm{d}\sigma$$

这个性质说明二重积分对积分区域具有可加性.

**性质 5.3** 如果在 $D$ 上，$f(x, y)=1$，$\sigma$ 为 $D$ 的面积，则

$$\sigma = \iint_D 1\cdot\mathrm{d}\sigma = \iint_D \mathrm{d}\sigma$$

**性质 5.4** 如果在 $D$ 上，$f(x, y)\leqslant g(x, y)$，则有

$$\iint_D f(x, y)\mathrm{d}\sigma \leqslant \iint_D g(x, y)\mathrm{d}\sigma$$

特殊地，由于

$$-|f(x, y)|\leqslant f(x, y)\leqslant |f(x, y)|$$

又有

$$\left|\iint_D f(x, y)\mathrm{d}\sigma\right| \leqslant \iint_D |f(x, y)|\mathrm{d}\sigma$$

**性质 5.5**　设 $M$、$m$ 分别是 $f(x, y)$ 在闭区域 $D$ 上的最大值和最小值，$\sigma$ 是 $D$ 的面积，则有

$$m\sigma \leqslant \iint_D f(x, y)\mathrm{d}\sigma \leqslant M\sigma$$

**性质 5.6（二重积分的中值定理）**　设函数 $f(x, y)$ 在闭区域 $D$ 上连续，$\sigma$ 是 $D$ 的面积，则在 $D$ 上至少存在一点 $(\xi, \eta)$，使得

$$\iint_D f(x, y)\mathrm{d}\sigma = f(\xi, \eta) \cdot \sigma$$

**例 5.3**　估计二重积分 $I = \iint_D (x^2 + 4y^2 + 9)\mathrm{d}\sigma$ 的值，$D$ 是圆域 $x^2 + y^2 \leqslant 4$.

**解**　被积函数 $f(x, y) = x^2 + 4y^2 + 9$ 在闭区域 $D$ 上的最大值 $M = 25$，最小值 $m = 9$，所以

$$9 \times 4\pi \leqslant \iint_D (x^2 + 4y^2 + 9)\mathrm{d}\sigma \leqslant 25 \times 4\pi$$

即

$$36\pi \leqslant \iint_D (x^2 + 4y^2 + 9)\mathrm{d}\sigma \leqslant 100\pi$$

## 习题 5.1

1. 设有一平面薄片，占有 $xOy$ 面上的闭区域 $D$，它在点 $(x, y)$ 处的面密度为 $\rho(x, y)$（其中 $\rho(x, y) > 0$），且 $\rho(x, y)$ 在 $D$ 上连续，试用二重积分表示该薄片的质量.

2. 比较积分 $I_1 = \iint_D (x + y)\mathrm{d}\sigma$，$I_2 = \iint_D (x + y)^2 \mathrm{d}\sigma$ 的大小.

# 第2节 二重积分的计算

二重积分是用和式的极限定义的，对一般的函数和区域用定义直接计算二重积分是不可行的. 计算二重积分的主要方法是将它化为两次定积分的计算，称为累次积分法.

## 一、在直角坐标系下求二重积分

先从几何上研究二重积分$\iint\limits_D f(x,y)\mathrm{d}\sigma$的计算问题，在讨论中我们假定$f(x,y)\geqslant 0$. 若积分区域$D$可表示为

$$D=\{(x,y)\mid \varphi_1(x)\leqslant y\leqslant \varphi_2(x),\ a\leqslant x\leqslant b\}$$

则称$D$为$X$型区域，它是由直线$x=a$、$x=b$及曲线$y=\varphi_1(x)$、$y=\varphi_2(x)$所围成(图5.3)，其中函数$\varphi_1(x)$、$\varphi_2(x)$在区间$[a,b]$上连续. $X$型区域的特点是：任何平行于$y$轴且穿过区域内部的直线与$D$的边界的交点不多于两个.

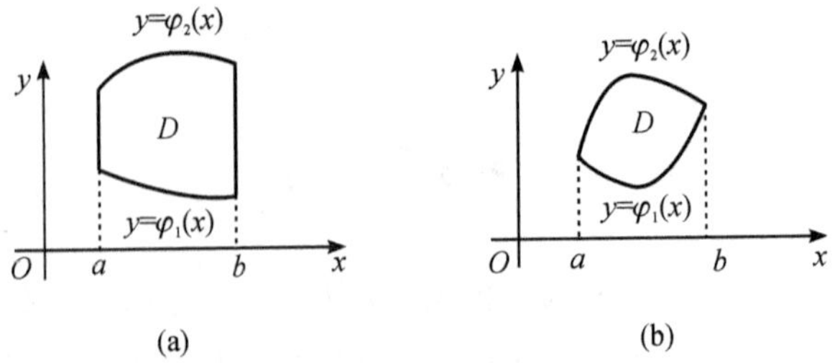


图 5.3

由二重积分的几何意义知，二重积分$\iint\limits_D f(x,y)\mathrm{d}\sigma$的值等于以面积为已知的立体的体积的方法来计算这个曲顶柱体的体积.

求以$D$为底，曲面$z=f(x,y)$为顶的曲顶柱体的体积(图5.4). 先计算截面积. 在区

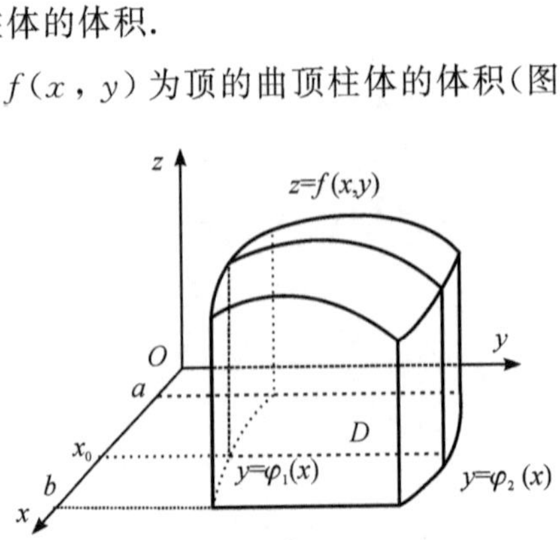


图 5.4

间$[a, b]$上取定一点$x_0$，作平行于$yOz$面的平面$x=x_0$. 这平面顶柱体所得的截面是一个以区间$[\varphi_1(x_0), \varphi_2(x_0)]$为底、曲线$z=f(x_0, y)$为曲边的曲边梯形(图5.4) 所以这个截面的面积为

$$S(x_0)=\int_{\varphi_1(x_0)}^{\varphi_2(x_0)} f(x_0, y)\mathrm{d}y$$

一般地，过区间$[a, b]$上任一点$x$且平行于$yOz$面的平面截曲顶柱体的截面的面积为

$$S(x)=\int_{\varphi_1(x)}^{\varphi_2(x)} f(x, y)\mathrm{d}y$$

于是，应用计算平行截面面积为已知的立体体积的方法，得曲顶柱体的体积为

$$V=\int_a^b S(x)\mathrm{d}x=\int_a^b \left[\int_{\varphi_1(x)}^{\varphi_2(x)} f(x, y)\mathrm{d}y\right]\mathrm{d}x$$

这个体积也就是所求二重积分的值，从而有等式

$$\iint_D f(x, y)\mathrm{d}\sigma=\int_a^b \left[\int_{\varphi_1(x)}^{\varphi_2(x)} f(x, y)\mathrm{d}y\right]\mathrm{d}x \tag{5.1}$$

上式右端的积分是先对$y$、后对$x$的二次积分. 就是说，先把$x$看作常数，把$f(x, y)$只看作$y$的函数，并对$y$计算从$\varphi_1(x)$到$\varphi_2(x)$的定积分；然后把算得的结果(是$x$的函数)再对$x$计算在区间$[a, b]$上的定积分. 这个先对$y$、后对$x$的二次积分也常记为

$$\int_a^b \mathrm{d}x\int_{\varphi_1(x)}^{\varphi_2(x)} f(x, y)\mathrm{d}y$$

因此，等式(5.1) 也写成

$$\iint_D f(x, y)\mathrm{d}\sigma=\int_a^b \mathrm{d}x\int_{\varphi_1(x)}^{\varphi_2(x)} f(x, y)\mathrm{d}y$$

这就是把二重积分化为先对$y$、后对$x$的二次积分公式.

在上述讨论中，我们假定$f(x, y)\geqslant 0$，实际上公式(5.1) 的成立并不受此条件的限制. 类似地，若积分区域$D$可表示为

$$D=\{(x, y)\mid \psi_1(y)\leqslant x\leqslant \psi_2(y), c\leqslant y\leqslant d\}$$

则称$D$为$Y$型区域，它是由直线$y=c$、$y=d$及曲线$x=\psi_1(y)$、$x=\psi_2(y)$所围成，其中函数$\psi_1(x)$、$\psi_2(x)$在区间$[c, d]$上连续. 同样$Y$型区域的特点是：任何平行于$x$轴且穿过区域内部的直线与$D$的边界的交点不多于两个.

那么就有

$$\iint_D f(x, y)\mathrm{d}\sigma=\int_c^d \mathrm{d}y\int_{\psi_1(y)}^{\psi_2(y)} f(x, y)\mathrm{d}x \tag{5.2}$$

上式右端的积分叫作先对$x$、后对$y$的二次积分. 这个积分也常记为

$$\int_c^d \mathrm{d}y\int_{\psi_1(y)}^{\psi_2(y)} f(x, y)\mathrm{d}x$$

因此，等式(5.2) 也写成

$$\iint_D f(x, y)\mathrm{d}\sigma=\int_c^d \mathrm{d}y\int_{\psi_1(y)}^{\psi_2(y)} f(x, y)\mathrm{d}x$$

这就是把二重积分化为先对 $x$、后对 $y$ 的二次积分公式.

如果积分区域 $D$ 既是 $X$ 型区域，又是 $Y$ 型区域，这时 $D$ 上的二重积分既可以用公式(5.1) 计算，又可以用公式(5.2) 计算，也就是既可以化为先对 $y$ 后对 $x$ 的二次积分，又可以化为先对 $x$ 后对 $y$ 的二次积分.

如果积分区域 $D$ 既不是 $X$ 型区域，又不是 $Y$ 型区域，这时我们可以把 $D$ 分成几部分，使每个部分是 $X$ 型区域或是 $Y$ 型区域，从而每个部分区域上的二重积分可以用公式(5.1) 或公式(5.2) 计算. 再利用二重积分对于区域的可加性，我们就可以得到整个区域 $D$ 上的二重积分.

将二重积分化为二次积分计算时，确定积分限是关键，一般可以先画出积分区域的草图，判断区域的类型以确定二次积分的次序，并定出相应的积分限.

**例 5.4** 计算二重积分 $\iint\limits_D e^{x+y}\,dx\,dy$，其中 $D$ 是由 $x=0$，$x=1$，$y=1$，$y=2$ 所围成的闭区域.

**解** 画出积分区域 $D$ 如图 5.5 所示，积分区域 $D$ 是一个正方形，它既是 $X$ 型，又是 $Y$ 型，把 $D$ 看成 $X$ 型，则 $D$ 可表示为

$$D=\{(x,y)\mid 1\leqslant y\leqslant 2,\ 0\leqslant x\leqslant 1\}$$

于是得

$$\iint\limits_D e^{x+y}\,dx\,dy=\iint\limits_D e^{x}\cdot e^{y}\,dx\,dy=\int_0^1 e^{x}\,dx\int_1^2 e^{y}\,dy=e(e-1)^2$$

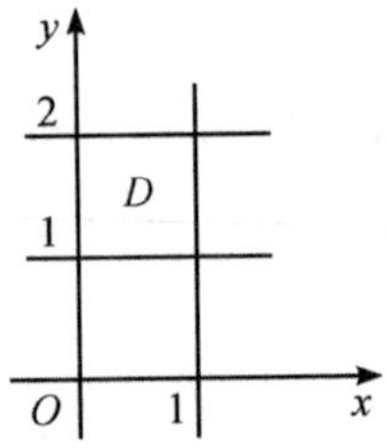


图 5.5

**例 5.5** 计算二重积分 $\iint\limits_D \sqrt{x^2-y^2}\,dx\,dy$，其中 $D$ 是由直线 $y=x$，$x=1$ 及 $x$ 轴所围成的闭区域.

**解** 画出积分区域 $D$ 如图 5.6 所示，它既是 $X$ 型，又是 $Y$ 型. 若 $D$ 看成 $X$ 型，则 $D$

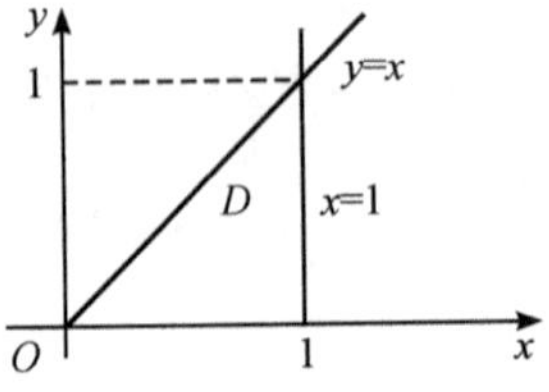


图 5.6

可表示为

$$D=\{(x,y)\mid 0\leqslant y\leqslant x,\ 0\leqslant x\leqslant 1\}$$

于是

$$\iint_D \sqrt{x^2-y^2}\,dx\,dy=\int_0^1 dx\int_0^x \sqrt{x^2-y^2}\,dy$$
$$=\int_0^1\left(\frac{y}{2}\sqrt{x^2-y^2}+\frac{x^2}{2}\arcsin\frac{y}{x}\right)\Big|_0^x dx$$
$$=\frac{\pi}{4}\int_0^1 x^2\,dx=\frac{\pi}{12}$$

若将 $D$ 看成 $X$ 型，则 $D$ 可表示为

$$D=\{(x,y)\mid y\leqslant x\leqslant 1,\ 0\leqslant y\leqslant 1\}$$

于是

$$\iint_D \sqrt{x^2-y^2}\,dx\,dy=\int_0^1 dy\int_y^1 \sqrt{x^2-y^2}\,dx$$
$$=\int_0^1\left(\frac{x}{2}\sqrt{x^2-y^2}-\frac{y^2}{2}\ln(x+\sqrt{x^2-y^2})\right)\Big|_y^1 dy$$
$$=\frac{1}{2}\int_0^1\left[\sqrt{1-y^2}+y^2\ln y-y^2\ln(1+\sqrt{1-y^2})\right]dy$$
$$=\frac{1}{2}\left[\frac{\pi}{4}-\frac{1}{9}-\left(\frac{\pi}{12}-\frac{1}{9}\right)\right]=\frac{\pi}{12}$$

此题采用先对 $x$ 后对 $y$ 和先对 $y$ 后对 $x$ 其计算量是不一样的，先对 $x$ 后对 $y$，即将 $D$ 看成 $Y$ 型时的计算量要大得多.

**例 5.6**　计算二重积分 $\iint_D xy\,dx\,dy$，其中 $D$ 是由抛物线 $y=x^2$ 及直线 $y=x+2$ 所围成的闭区域.

**解**　画出积分区域 $D$ 如图 5.7 所示，若 $D$ 看成 $X$ 型，则 $D$ 可表示为

$$D=\{(x,y)\mid x^2\leqslant y\leqslant x+2,\ -1\leqslant x\leqslant 2\}$$

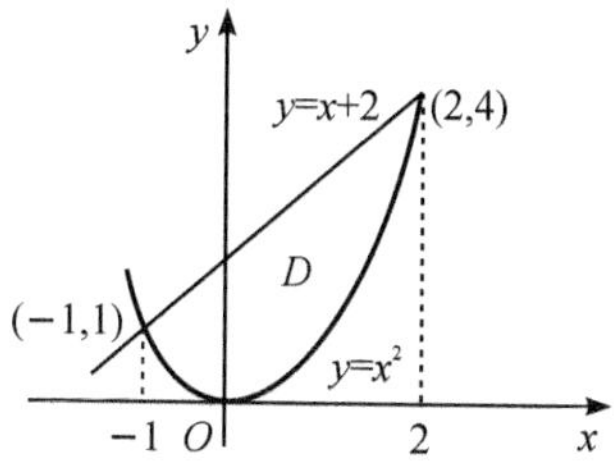


图 5.7

于是

$$\iint_D xy\,dx\,dy=\int_{-1}^2 dx\int_{x^2}^{x+2} xy\,dy=\int_{-1}^2\left(x\cdot\frac{y^2}{2}\right)\Big|_{x^2}^{x+2} dx$$

$$=\frac{1}{2}\int_{-1}^{2}[x(x+2)^2-x^5]\mathrm{d}x=5\frac{5}{8}$$

若将 $D$ 看成 $Y$ 型，则由于在区间[0，1]及[1，4]上 $x$ 的积分下限不同，所以要用直线 $y=1$ 把区域 $D$ 分成 $D_1$ 和 $D_2$ 两个部分(图 5.8)，其中

$$D_1=\{(x,y)\mid -\sqrt{y}\leqslant x\leqslant\sqrt{y},\ 0\leqslant y\leqslant 1\}$$

$$D_2=\{(x,y)\mid y-2\leqslant x\leqslant\sqrt{y},\ 1\leqslant y\leqslant 4\}$$

于是

$$\iint_D xy\,\mathrm{d}x\,\mathrm{d}y=\int_0^1\mathrm{d}y\int_{-\sqrt{y}}^{\sqrt{y}}xy\,\mathrm{d}x+\int_1^4\mathrm{d}y\int_{y-2}^{\sqrt{y}}xy\,\mathrm{d}x=5\frac{5}{8}$$

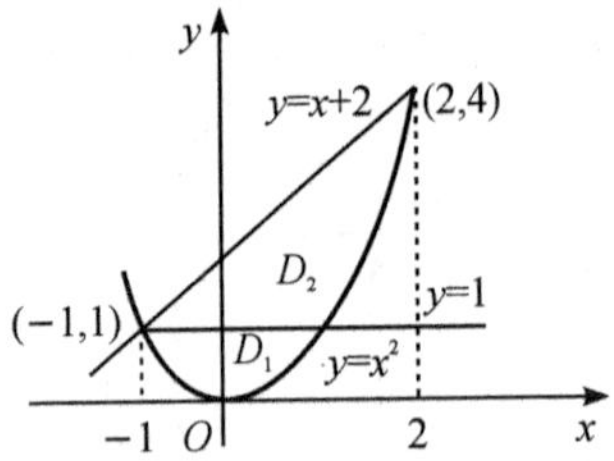


图 5.8

易见此题将 $D$ 看成 $Y$ 型的计算比较麻烦.

上述例子说明，在化二重积分为二次积分时，为了计算简便，需要选择恰当的二次积分的次序. 这时，既要考虑积分区域 $D$ 的形状，又要考虑被积函数 $f(x,y)$ 的特性.

**例 5.7** 计算二重积分 $\iint_D x^2\mathrm{e}^{-y^2}\mathrm{d}x\,\mathrm{d}y$，其中 $D$ 是由直线 $y=x$，$y=1$ 及 $y$ 轴所围成的闭区域.

**解** 画出积分区域 $D$ 如图 5.9 所示，若将 $D$ 看成 $X$ 型，则 $D$ 可表示为

$$D=\{(x,y)\mid x\leqslant y\leqslant 1,\ 0\leqslant x\leqslant 1\}$$

于是

$$\iint_D x^2\mathrm{e}^{-y^2}\mathrm{d}x\,\mathrm{d}y=\int_0^1\mathrm{d}x\int_x^1 x^2\mathrm{e}^{-y^2}\mathrm{d}y$$

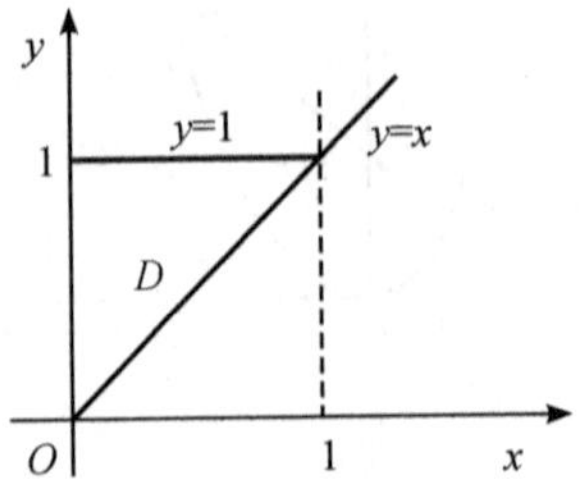


图 5.9

由于 $\mathrm{e}^{-y^2}$ 没有初等函数形式的原函数，所以计算无法继续下去.

若将 $D$ 看成 $Y$ 型，则 $D$ 可表示为

$$D=\{(x,y)\mid 0\leqslant x\leqslant y,\ 0\leqslant y\leqslant 1\}$$

于是

$$\iint_D x^2\mathrm{e}^{-y^2}\,\mathrm{d}x\,\mathrm{d}y=\int_0^1\mathrm{d}y\int_0^y x^2\mathrm{e}^{-y^2}\,\mathrm{d}x=\frac{1}{3}\int_0^1 y^3\mathrm{e}^{-y^2}\,\mathrm{d}y=\frac{1}{6}(1-2\mathrm{e}^{-1})$$

**例 5.8**　交换二次积分 $\int_0^1\mathrm{d}x\int_{x^2}^1\frac{xy}{\sqrt{1+y^3}}\mathrm{d}y$ 的积分顺序.

**解**　由所给的二次积分可知，与它对应的二重积分的积分区域为

$$D=\{(x,y)\mid x^2\leqslant y\leqslant 1,\ 0\leqslant x\leqslant 1\}$$

即为由 $y=x^2$，$y=1$ 及 $y$ 轴所围成的区域，如图 5.10 所示，要交换积分次序可将 $D$ 表示为

$$D=\{(x,y)\mid 0\leqslant y\leqslant 1,\ 0\leqslant x\leqslant\sqrt{y}\}$$

因此

$$\int_0^1\mathrm{d}x\int_{x^2}^1\frac{xy}{\sqrt{1+y^3}}\mathrm{d}y=\int_0^1\mathrm{d}y\int_0^{\sqrt{y}}\frac{xy}{\sqrt{1+y^3}}\mathrm{d}x$$

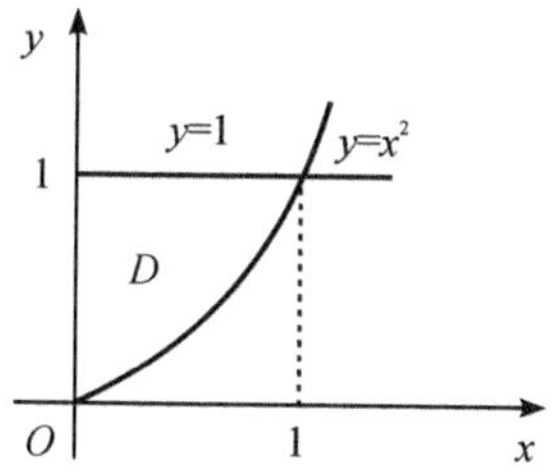


图 5.10

**例 5.9**　求两个圆柱面 $x^2+y^2=a^2$，$x^2+z^2=a^2$ 所围成的立体体积.

**解**　由对称性知，所求立体的体积 $V$ 是该立体位于第一卦限部分的体积 $V_1$ 的 8 倍(见图 5.11). 立体在第一卦限部分可以看成一个曲顶柱体，它的底为

$$D=\{(x,y)\mid 0\leqslant y\leqslant\sqrt{a^2-x^2},\ 0\leqslant x\leqslant a\}$$

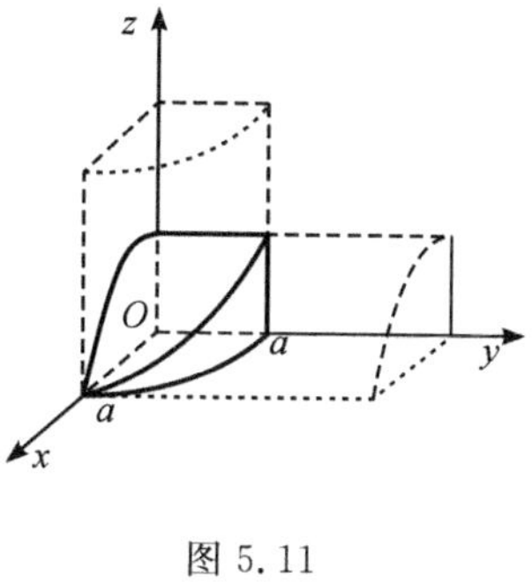


图 5.11

它的顶是柱面

$$z=\sqrt{a^2-x^2}$$

于是

$$V=8V_1=8\iint_D \sqrt{a^2-x^2}\,\mathrm{d}x\,\mathrm{d}y$$
$$=8\int_0^a \mathrm{d}x\int_0^{\sqrt{a^2-x^2}}\sqrt{a^2-x^2}\,\mathrm{d}y$$
$$=8\int_0^a (a^2-x^2)\,\mathrm{d}x=\frac{16}{3}a^3$$

## 二、在极坐标系下求二重积分

有些二重积分，积分区域的边界曲线用极坐标方程来表示比较方便，并且在极坐标系中被积函数的表达式也比较简单，此时利用极坐标计算这些二重积分常常较为简捷.

极坐标是一种广泛采用的坐标，为此，我们先介绍极坐标系以及它和直角坐标系的关系.

在平面上选定一点 $O$，从点 $O$ 出发引一条射线 $Ox$，并在射线上规定一个单位长度，这就得到了极坐标系(如图 5.12)，其中点 $P$ 称为极点，射线 $Ox$ 称为极轴.

图 5.12

对平面上的一点 $M$，线段 $OM$ 称为极径，记为 $r$，显然 $r\geqslant 0$. 以极轴为始边，以线段 $OM$ 位置为终边的角称为点 $M$ 的极角，记为 $\theta$.

这样，平面上每一点 $M$ 都可以用它的极径 $r$ 和极角 $\theta$ 来确定其位置，称有序数对 $(r, \theta)$ 为点 $M$ 的极坐标.

如果我们将直角坐标系中的原点 $O$ 和 $x$ 轴的正半轴选为极坐标系中的极点和极轴，如图 5.13 所示，则平面上点 $M$ 的直角坐标 $(x, y)$ 与其极坐标 $(r, \theta)$ 有以下的关系

$$\begin{cases}x=r\cos\theta\\ y=r\sin\theta\end{cases},\ 0\leqslant r<+\infty,\ 0\leqslant\theta\leqslant 2\pi$$

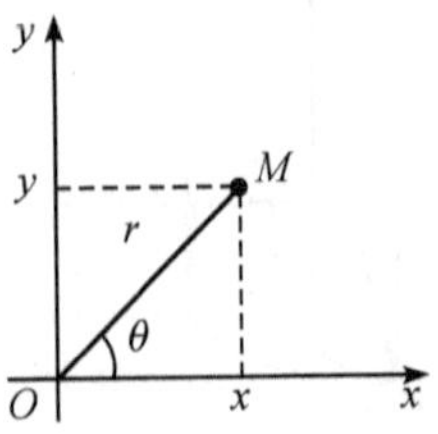


图 5.13

在二重积分的定义中，若函数 $f(x, y)$ 可积，则二重积分的存在与区域 $D$ 的划分无关. 在直角坐标系中，我们是用平行于 $x$ 轴和 $y$ 轴的两组直线来分割区域 $D$ 的，此时面积元素 $\mathrm{d}\sigma=\mathrm{d}x\,\mathrm{d}y$. 所以有

$$\iint_D f(x,y)\mathrm{d}\sigma=\iint_D f(x,y)\mathrm{d}x\mathrm{d}y$$

在极坐标系中，点的极坐标是$(r,\theta)$，$r=$常数，是一簇圆心在极点的同心圆；$\theta=$常数，是一簇从极点出发的射线. 我们用上述的同心圆和射线将区域 $D$ 分成多个小区域，如图 5.14 所示，其中，任一小区域 $\Delta\sigma$ 是由极角为 $\theta$ 和 $\theta+\Delta\theta$ 的两射线与半径为 $r$ 和 $r+\Delta r$ 的两圆弧所围成的区域，则由扇形面积公式得

$$\Delta\sigma=\frac{1}{2}(r+\Delta r)^2\Delta\theta-\frac{1}{2}r^2\Delta\theta=r\Delta r\Delta\theta+\frac{1}{2}(\Delta r)^2\Delta\theta$$

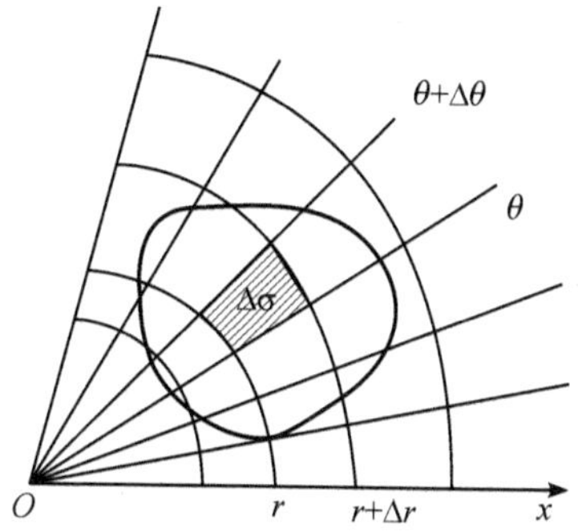


图 5.14

略去高阶无穷小$\frac{1}{2}(\Delta r)^2\Delta\theta$，得 $\Delta\sigma\approx r\Delta r\Delta\theta$，所以面积元素为 $\mathrm{d}\sigma=r\mathrm{d}r\mathrm{d}\sigma$，所以在极坐标系下，二重积分成为

$$\iint_D f(x,y)\mathrm{d}\sigma=\iint_D f(r\cos\theta,r\sin\theta)r\mathrm{d}r\mathrm{d}\theta$$

故有

$$\iint_D f(x,y)\mathrm{d}x\mathrm{d}y=\iint_D f(r\cos\theta,r\sin\theta)r\mathrm{d}r\mathrm{d}\theta$$

这就是二重积分的变量从直角坐标变换为极坐标的变换公式.

当区域 $D$ 是圆或圆的一部分，或者区域边界的方程用极坐标表示较为简单，或者被积函数为 $\varphi(x^2+y^2)$，$\varphi\left(\frac{y}{x}\right)$等形式时，一般采用极坐标计算二重积分较为方便.

在极坐标系下计算二重积分，仍然需要化为二次积分来计算，通常是按先 $r$ 后 $\theta$ 的顺序进行，下面分三种情况予以介绍.

(1) 极点 $O$ 在区域 $D$ 之外，且 $D$ 由射线 $\theta=\alpha$，$\theta=\beta$ 和连续曲线 $r=r_1(\theta)$，$r=r_2(\theta)$所围成，如图 5.15 所示，这时区域 $D$ 可表示为

$$D=\{(r,\theta)\mid r_1(\theta)\leqslant r\leqslant r_2(\theta),\ \alpha\leqslant\theta\leqslant\beta\}$$

于是

$$\iint_D f(r\cos\theta,r\sin\theta)r\mathrm{d}r\mathrm{d}\theta=\int_\alpha^\beta\mathrm{d}\theta\int_{r_1(\theta)}^{r_2(\theta)}f(r\cos\theta,r\sin\theta)r\mathrm{d}r$$

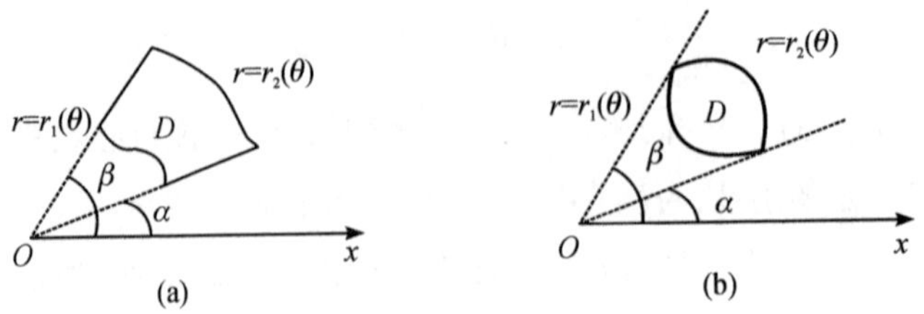


图 5.15

(2) 极点 $O$ 在区域 $D$ 的边界上，且 $D$ 由射线 $\theta=\alpha$，$\theta=\beta$ 和连续曲线 $r=r(\theta)$ 所围成，如图 5.16 所示，这时区域 $D$ 可表示为

$$D=\{(r,\theta)\mid 0\leqslant r\leqslant r(\theta),\ \alpha\leqslant\theta\leqslant\beta\}$$

于是

$$\iint_D f(r\cos\theta,\ r\sin\theta)r\,\mathrm{d}r\,\mathrm{d}\theta=\int_\alpha^\beta \mathrm{d}\theta\int_0^{r(\theta)} f(r\cos\theta,\ r\sin\theta)r\,\mathrm{d}r$$

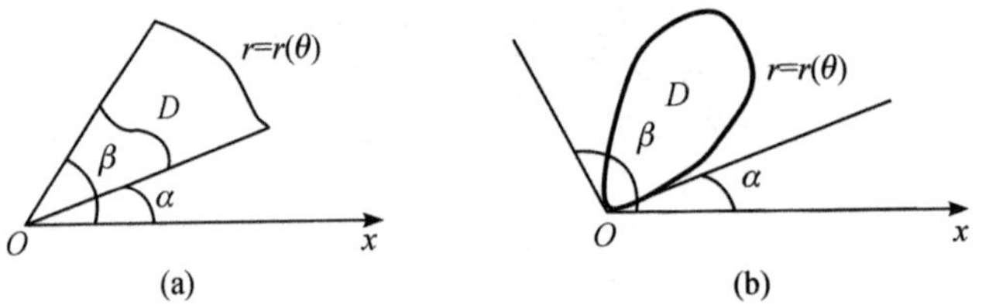


图 5.16

(3) 极点 $O$ 在区域 $D$ 内部，且 $D$ 的边界曲线为连续封闭曲线 $r=r(\theta)$，如图 5.17 所示，这时区域 $D$ 可表示为

$$D=\{(r,\theta)\mid 0\leqslant r\leqslant r(\theta),\ 0\leqslant\theta\leqslant 2\pi\}$$

于是

$$\iint_D f(r\cos\theta,\ r\sin\theta)r\,\mathrm{d}r\,\mathrm{d}\theta=\int_0^{2\pi} \mathrm{d}\theta\int_0^{r(\theta)} f(r\cos\theta,\ r\sin\theta)r\,\mathrm{d}r$$

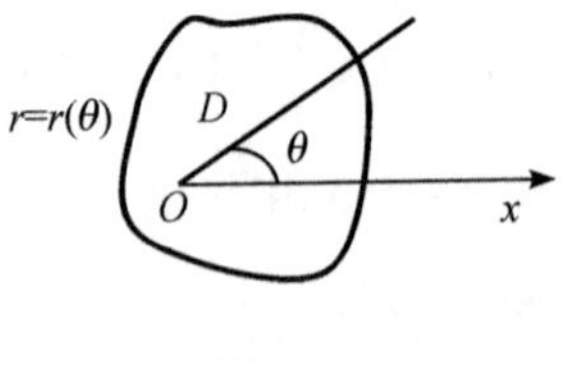


图 5.17

**例 5.10** 计算二重积分 $\iint_D \frac{1}{1+x^2+y^2}\mathrm{d}x\,\mathrm{d}y$，其中 $D$ 是由圆 $x^2+y^2=a^2(a>0)$ 围成的闭区域.

**解** 由于区域 $D$ 在极坐标系下表示为

$$D=\{(r,\theta)\mid 0\leqslant r\leqslant a,\ 0\leqslant\theta\leqslant 2\pi\}$$

所以

$$\iint_D \frac{1}{1+x^2+y^2}\mathrm{d}x\,\mathrm{d}y=\int_0^{2\pi}\mathrm{d}\theta\int_0^a \frac{r}{1+r^2}\mathrm{d}r$$

$$=2\pi\left[\frac{1}{2}\ln(1+r^2)\Big|_0^a\right]$$

$$=\pi\ln(1+a^2)$$

**例 5.11**　计算二重积分 $\iint\limits_D \sin\sqrt{x^2+y^2}\,\mathrm{d}x\,\mathrm{d}y$，其中 $D$ 是由圆 $x^2+y^2=\pi^2$ 和 $x^2+y^2=4\pi^2$ 所围成的闭区域.

**解**　积分区域 $D$ 是由两个圆所围成的圆环，在极坐标系下表示为

$$D=\{(r,\theta)\mid \pi\leqslant r\leqslant 2\pi,\ 0\leqslant\theta\leqslant 2\pi\}$$

于是

$$\iint_D \sin\sqrt{x^2+y^2}\,\mathrm{d}x\,\mathrm{d}y=\int_0^{2\pi}\mathrm{d}\theta\int_\pi^{2\pi} r\sin r\,\mathrm{d}r$$

$$=2\pi(\sin r-r\cos r)\Big|_\pi^{2\pi}$$

$$=-6\pi^2$$

**例 5.12**　计算二重积分 $\iint\limits_D \sqrt{x^2+y^2}\,\mathrm{d}x\,\mathrm{d}y$，其中 $D$ 是第一象限中同时满足 $x^2+y^2\leqslant 1$ 和 $x^2+(y-1)^2\leqslant 1$ 的点所组成的区域.

**解**　积分区域 $D$ 如图 5.18 所示，两圆 $x^2+y^2=1$ 和 $x^2+(y-1)^2=1$ 在第一象限的交点为 $P\left(\frac{\sqrt{3}}{2},\frac{1}{2}\right)$，而点 $P$ 的极坐标为 $\left(1,\frac{\pi}{6}\right)$，于是极径 $OP$ 可将 $D$ 分成 $D_1$ 和 $D_2$ 两部分，它们在极坐标系下表示为

$$D_1=\left\{(r,\theta)\mid 0\leqslant r\leqslant 2\sin\theta,\ 0\leqslant\theta\leqslant\frac{\pi}{6}\right\}$$

$$D_2=\left\{(r,\theta)\mid 0\leqslant r\leqslant 1,\ \frac{\pi}{6}\leqslant\theta\leqslant\frac{\pi}{2}\right\}$$

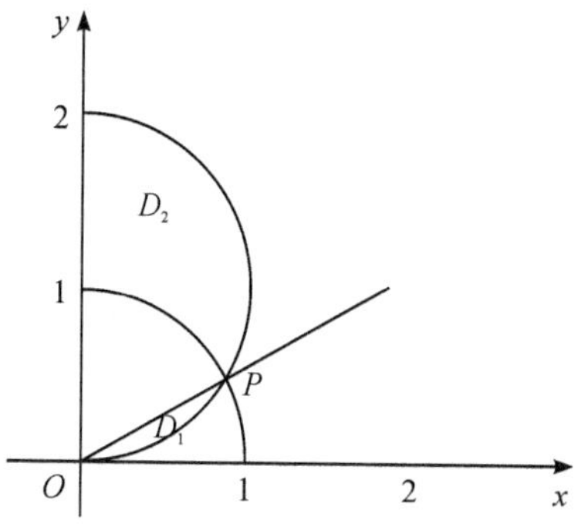


图 5.18

所以得

$$\iint\limits_{D}\sqrt{x^2+y^2}\,\mathrm{d}x\,\mathrm{d}y=\iint\limits_{D_1}r^2\,\mathrm{d}r\,\mathrm{d}\theta+\iint\limits_{D_2}r^2\,\mathrm{d}r\,\mathrm{d}\theta$$

$$=\int_0^{\frac{\pi}{6}}\mathrm{d}\theta\int_0^{2\sin\theta}r^2\,\mathrm{d}r+\int_{\frac{\pi}{6}}^{\frac{\pi}{2}}\mathrm{d}\theta\int_0^1 r^2\,\mathrm{d}r$$

$$=\frac{1}{3}\int_0^{\frac{\pi}{6}}\left(r^3\Big|_0^{2\sin\theta}\right)\mathrm{d}\theta+\frac{\pi}{9}$$

$$=\frac{8}{3}\int_0^{\frac{\pi}{6}}\sin^3\theta\,\mathrm{d}\theta+\frac{\pi}{9}$$

$$=\frac{\pi+16-9\sqrt{3}}{9}$$

## 习题 5.2

1. 计算二重积分$\iint\limits_{D}(x^2+y^2)\mathrm{d}\sigma$，其中 $D$ 是矩形闭区域：$|x|\leqslant 1$，$|y|\leqslant 1$.

2. 计算二重积分$\iint\limits_{D}(x^3+3x^2y+y^3)\mathrm{d}\sigma$，其中 $D$ 是矩形闭区域：$0\leqslant x\leqslant 1$，$0\leqslant y\leqslant 1$.

3. 计算二重积分$\iint\limits_{D}(3x+2y)\mathrm{d}\sigma$，其中 $D$ 是由两坐标轴及直线 $x+y=2$ 所围成的闭区域.

# 第 3 节　广义重积分

和一元函数类似，二重积分也可以推广到无界区域上的广义二重积分，它在概率统计中是一种广泛应用的积分形式.

**定义 5.2**　设函数 $f(x, y)$ 在无界区域 $D$ 上有定义，用任意光滑或分段光滑的曲线 $\gamma$ 在 $D$ 中划出有界区域 $D_\gamma$，如图 5.19 所示，若二重积分 $\iint\limits_{D_\gamma} f(x, y)\mathrm{d}\sigma$ 存在，且当曲线 $\gamma$ 连续变动，使区域 $D_\gamma$ 无限扩展而趋于区域 $D$ 时，如果不论 $\gamma$ 的形状如何，也不论 $\gamma$ 扩展的过程怎样，极限

$$\lim_{D_\gamma \to D} \iint\limits_{D_\gamma} f(x, y)\mathrm{d}\sigma$$

总有同一极限值 $I$，则称 $I$ 是函数 $f(x, y)$ 在无界区域 $D$ 上的广义二重积分，记为

$$I = \iint\limits_{D} f(x, y)\mathrm{d}\sigma = \lim_{D_\gamma \to D} \iint\limits_{D_\gamma} f(x, y)\mathrm{d}\sigma$$

这时也称函数 $f(x, y)$ 在 $D$ 上的积分收敛. 否则，称为发散的.

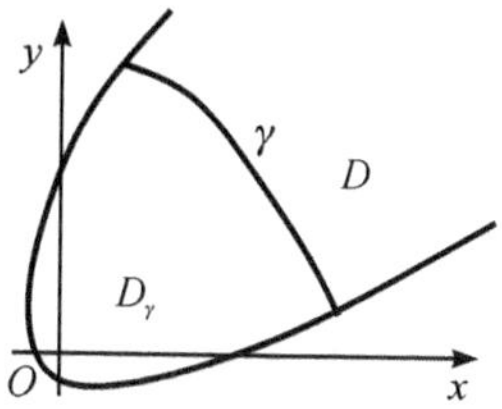


图 5.19

**例 5.13**　求广义二重积分 $I = \iint\limits_{D} \dfrac{\mathrm{d}\sigma}{(1+x^2+y^2)^\alpha}$，其中 $\alpha \neq 1$，$D$ 是整个 $xOy$ 平面.

**解**　先考虑 $D_\gamma = \{(x, y) \mid x^2+y^2 \leqslant R^2\}$ 为一圆域，此时

$$I(R) = \iint\limits_{D_\gamma} \frac{\mathrm{d}\sigma}{(1+x^2+y^2)^\alpha} = \int_0^{2\pi} \mathrm{d}\theta \int_0^R \frac{r\mathrm{d}r}{(1+r^2)^\alpha} = \frac{\pi}{1-\alpha}\left[\frac{1}{(1+R^2)^{\alpha-1}} - 1\right]$$

当 $\alpha > 1$ 时，因

$$\lim_{R \to +\infty} I(R) = \frac{\pi}{\alpha - 1}$$

故原积分收敛，且有

$$I = \frac{\pi}{\alpha - 1}$$

当 $\alpha < 1$ 时，因

$$\lim_{R\to+\infty} I(R)=\infty$$

故原积分发散.

**例 5.14** 利用广义二重积分计算普哇松积分 $I=\int_{-\infty}^{+\infty}e^{-x^2}\mathrm{d}x$.

**解** 因为 $e^{-x^2}$ 的原函数不是初等函数，所以普哇松积分无法直接计算出来. 由于积分值与积分变量的记号无关，所以有

$$I=\int_{-\infty}^{+\infty}e^{-x^2}\mathrm{d}x=\int_{-\infty}^{+\infty}e^{-y^2}\mathrm{d}y$$

可得

$$I^2=\left(\int_{-\infty}^{+\infty}e^{-x^2}\mathrm{d}x\right)\left(\int_{-\infty}^{+\infty}e^{-y^2}\mathrm{d}y\right)=\int_{-\infty}^{+\infty}\mathrm{d}x\int_{-\infty}^{+\infty}e^{-x^2}e^{-y^2}\mathrm{d}y=\iint_D e^{-(x^2+y^2)}\mathrm{d}x\mathrm{d}y$$

这里区域 $D$ 是整个 $xOy$ 平面. 令 $D_\gamma=\{(x,y)\mid x^2+y^2\leqslant R^2, R>0\}$，则有

$$\iint_D e^{-(x^2+y^2)}\mathrm{d}x\mathrm{d}y=\lim_{D_\gamma\to D}\iint_{D_\gamma}e^{-(x^2+y^2)}\mathrm{d}x\mathrm{d}y=\lim_{R\to+\infty}\int_0^{2\pi}\mathrm{d}\theta\int_0^R e^{-r^2}r\mathrm{d}r$$

$$=\pi\lim_{R\to+\infty}(1-e^{-R^2})=\pi$$

于是有 $I^2=\pi$，因此得

$$I=\int_{-\infty}^{+\infty}e^{-x^2}\mathrm{d}x=\sqrt{\pi}$$

## 习题 5.3

1. 计算 $\iint_D e^{-x-y}\mathrm{d}x\mathrm{d}y$，其中 $D$ 是由直线 $x=0$ 与 $y=x$ 所围成的属于第一象限的区域.

2. 计算 $\iint_{R^2} e^{-x^2-y^2}\mathrm{d}x\mathrm{d}y$，其中 $R^2$ 是整个 $xOy$ 平面.

# 第 6 章

# 概　率　论

# 第1节 随机事件

## 一、随机事件

### 1. 随机试验

满足下列三个条件的试验称为随机试验：

(1) 试验可在相同条件下重复进行；

(2) 试验的可能结果不止一个，且所有可能结果是已知的；

(3) 每次试验哪个结果出现是未知的.

随机试验以后简称为试验，并常记为 $E$.

例如：

$E_1$：掷一骰子，观察出现的点数；

$E_2$：上抛硬币两次，观察正反面出现的情况；

$E_3$：观察某电话交换台在某段时间内接到的呼唤次数.

### 2. 随机事件

在试验中可能出现也可能不出现的事情称为随机事件，常记为 $A$，$B$，$C$ 等.

例如，在 $E_1$ 中，$A$ 表示“掷出 2 点”，$B$ 表示“掷出偶数点”均为随机事件.

### 3. 必然事件与不可能事件

每次试验必发生的事情称为必然事件，记为 $\Omega$. 每次试验都不可能发生的事情称为不可能事件，记为 $\varnothing$.

例如，在 $E_1$ 中，“掷出不大于 6 点”的事件便是必然事件，而“掷出大于 6 点”的事件便是不可能事件.

随机事件，必然事件和不可能事件统称为事件.

### 4. 基本事件

试验中直接观察到的最简单的结果称为基本事件. 由基本事件构成的事件称为复合事件.

例如，在 $E_1$ 中，“掷出 1 点”，“掷出 2 点”，…，“掷出 6 点”均为此试验的基本事件；“掷出偶数点”便是复合事件.

### 5. 样本空间

从集合观点看，称构成基本事件的元素为样本点. 试验中所有样本点构成的集合称为样本空间，记为 $\Omega$.

例如，在 $E_1$ 中，$\Omega=\{1, 2, 3, 4, 5, 6\}$；在 $E_2$ 中，$\Omega=\{(H, H), (H, T), (T, H), (T, T)\}$；在 $E_3$ 中，$\Omega=\{0, 1, 2, \cdots\}$

## 二、事件间的关系与运算

### 1. 包含关系

若事件 $A$ 的发生必导致事件 $B$ 发生，则称事件 $B$ 包含事件 $A$，记为 $A\subset B$ 或 $B\supset A$.

例如，在 $E_1$ 中，令 $A$ 表示“掷出 2 点”的事件，即 $A=\{2\}$，$B$ 表示“掷出偶数”的事件，即 $B=\{2, 4, 6\}$，则 $A\subset B$.

### 2. 相等关系

若 $A\subset B$ 且 $B\subset A$，则称事件 $A$ 等于事件 $B$，记为 $A=B$(图 6.1).

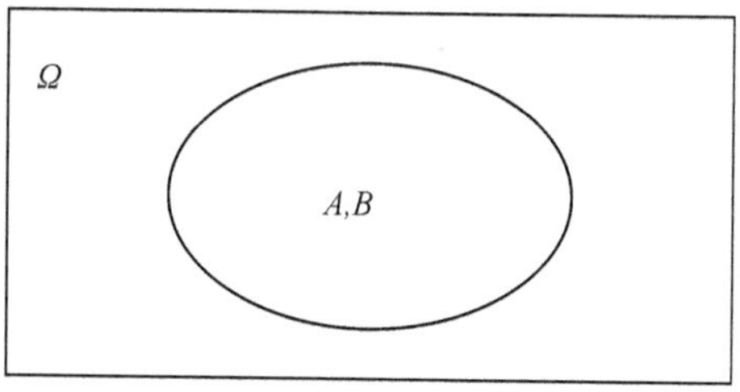


图 6.1

例如，从一副 54 张的扑克牌中任取 4 张，令 $A$ 表示“取得至少有 3 张红桃”的事件；$B$ 表示“取得至多有一张不是红桃”的事件，显然 $A=B$.

### 3. 和关系

称事件 $A$ 与 $B$ 至少有一个发生的事件为 $A$ 与 $B$ 的和事件，简称为和，记为 $A\cup B$ 或 $A+B$(图 6.2).

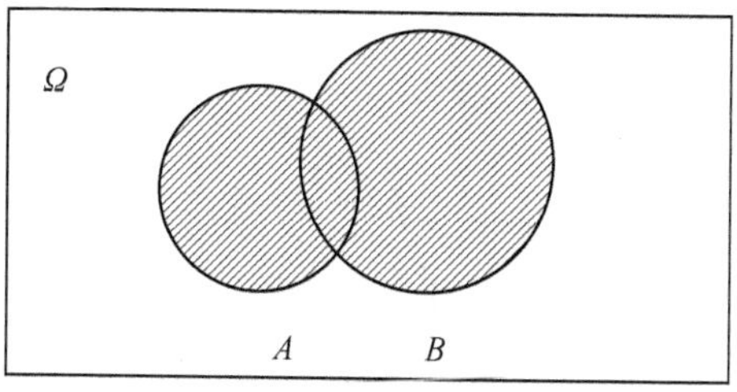


图 6.2

例如，甲、乙两人向目标射击，令 $A$ 表示“甲击中目标”的事件，$B$ 表示“乙击中目标”的事件，则 $A\cup B$ 表示“目标被击中”的事件.

**4. 积关系**

称事件 $A$ 与事件 $B$ 同时发生的事件为 $A$ 与 $B$ 的积事件，简称为积，记为 $A\cap B$ 或 $AB$ (图 6.3).

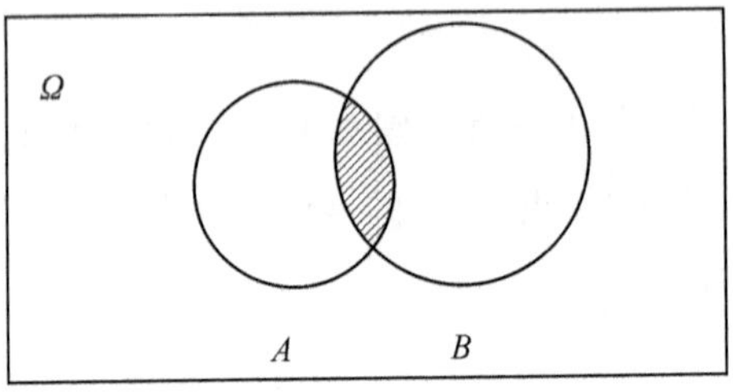


图 6.3

例如，在 $E_3$ 中，观察某电话交换台在某时刻接到的呼唤次数中，令 $A=\{$接到 2 的倍数次呼唤$\}$，$B=\{$接到 3 的倍数次呼唤$\}$，则 $A\cap B=\{$接到 6 的倍数次呼唤$\}$.

**5. 差关系**

称事件 $A$ 发生但事件 $B$ 不发生的事件为 $A$ 减 $B$ 的差事件，简称为差，记为 $A-B$ (图 6.4).

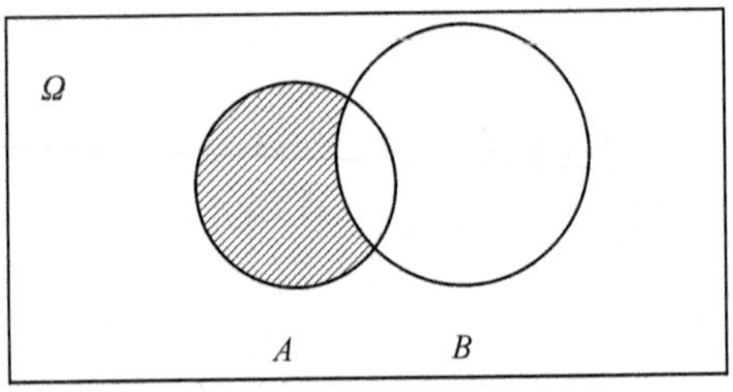


图 6.4

例如，测量晶体管的 $\beta$ 参数值，令 $A=\{$测得 $\beta$ 值不超过 50$\}$，$B=\{$测得 $\beta$ 值不超过 100$\}$，则 $A-B=\varnothing$，$B-A=\{$测得 $\beta$ 值为 $50<\beta\leqslant 100\}$.

**6. 互不相容关系**

若事件 $A$ 与事件 $B$ 不能同时发生，即 $AB=\varnothing$，则称 $A$ 与 $B$ 是互不相容的事件，或称 $A$ 与 $B$ 为互斥事件(图 6.5).

例如，观察某交通路口在某时刻的红绿灯：若 $A=\{$红灯亮$\}$，$B=\{$绿灯亮$\}$，则 $A$ 与 $B$ 便是互不相容的.

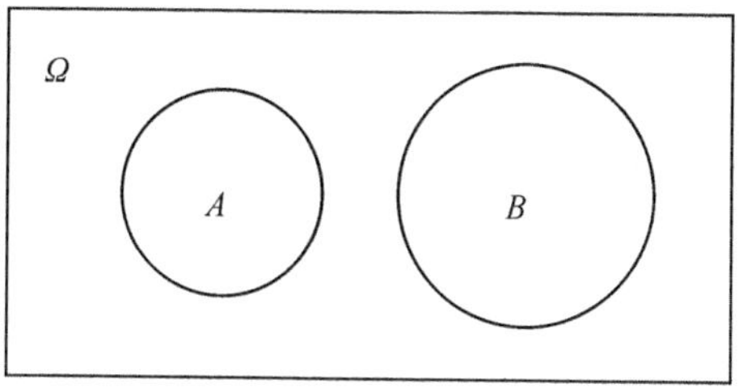


图 6.5

**7. 对立关系**

称事件 $A$ 不发生的事件为 $A$ 的对立事件，记为 $\overline{A}$(图 6.6). 显然 $A\cap\overline{A}=\varnothing$，$A\cup\overline{A}=\Omega$.

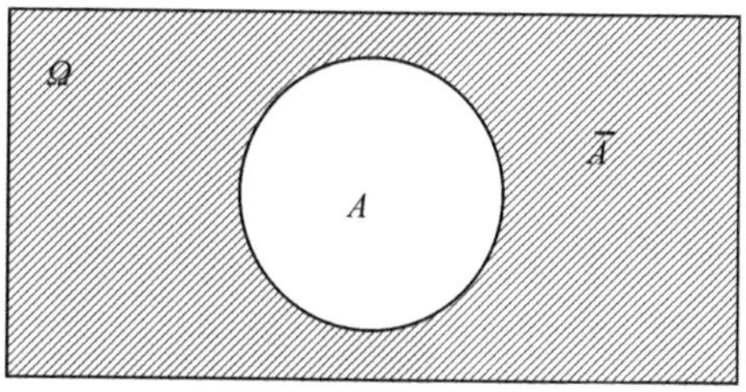


图 6.6

例如，从有 3 个次品、7 个正品的 10 个产品中任取 3 个，若令 $A=\{$取得的 3 个产品中至少有一个次品$\}$，则 $\overline{A}=\{$取得的 3 个产品均为正品$\}$.

**8. 事件的运算规律**

(1) 交换律：$A\cup B=B\cup A$；$A\cap B=B\cap A$.

(2) 结合律：$(A\cup B)\cup C=A\cup(B\cup C)$；$(A\cap B)\cap C=A\cap(B\cap C)$.

(3) 分配律：$A\cap(B\cup C)=(A\cap B)\cup(A\cap C)$；$A\cup(B\cap C)=(A\cup B)\cap(A\cup C)$.

(4) 德·摩根律(De Morgan)：$\overline{A\cup B}=\overline{A}\overline{B}$；$\overline{AB}=\overline{A}\cup\overline{B}$.

此外，还有一些常用性质，如：$A\cup B\supset A$，$A\cup B\supset B$(越求和越大)；$A\cap B\subset A$，$A\cap B\subset B$(越求积越小)；若 $A\subset B$，则 $A\cup B=B$，$A\cap B=A$ 等等.

## 习题 6.1

1. 有一随机试验：记录某班级的一次课程测试(百分制)的平均分数. 写出此随机实验的样本空间.

2. 有一随机试验：某产品在生产时，一直生产到有 31 个正品为止，记录生产某产品的总件数. 写出此随机试验的样本空间.

3. 设 $I$ 为样本空间，$A$、$B$、$C$ 为三个事件，运用事件的运算符号表示下列事件：

(1) $A$ 发生，$B$、$C$ 都不发生；

(2) $A$ 与 $B$ 发生，$C$ 不发生；

(3) $A$、$B$、$C$ 都发生；

(4) $A$、$B$、$C$ 至少有一个发生；

(5) $A$、$B$、$C$ 都不发生；

(6) $A$、$B$、$C$ 不都发生；

(7) $A$、$B$、$C$ 至多有两个发生；

(8) $A$、$B$、$C$ 至少有两个发生.

# 第2节 概率的定义与性质

## 一、概率的定义

所谓事件 $A$ 的概率是指事件 $A$ 发生可能性程度的数值度量，记为 $P(A)$. 规定 $P(A)\geqslant 0$，$P(\Omega)=1$. 以下从不同角度给出概率的定义.

### 1. 古典概型中概率的定义

满足下列两个条件的试验模型称为古典概型.

(1) 所有基本事件是有限个；

(2) 各基本事件发生的可能性相同.

**定义 6.1** 在古典概型中，设其样本空间 $\Omega$ 所含的样本点总数，即试验的基本事件总数为 $N_\Omega$，而事件 $A$ 所含的样本数，即有利于事件 $A$ 发生的基本事件数为 $N_A$，则事件 $A$ 的概率便定义为

$$P(A)=\frac{N_A}{N_\Omega}=\frac{A\text{ 所含基本事件数}}{\text{基本事件总数}}$$

古典概型中所定义的概率有以下基本性质：

(1) $P(A)\geqslant 0$； (2) $P(\Omega)=1$.

**例 6.1** 将 $n$ 个球随机地放到 $n$ 个瓶子中去，问每个瓶子恰有 1 个球的概率是多少？

**解** 设 $A$："每个瓶子恰有 1 个球".

$\Omega$ 所含样本点数：

$$n\cdot n\cdot\cdots\cdot n=n^n$$

$A$ 所含样本点数：

$$n\cdot(n-1)\cdot(n-2)\cdot\cdots\cdot 1=n!$$

所以

$$P(A)=\frac{n!}{n^n}$$

**例 6.2** 将 3 个不同的球随机地放入 4 个不同的盒子中，问盒子中球的个数的最大数分别为 1、2、3 的概率各是多少？

**解** 设 $A_i$："盒子中球的最大个数为 $i$"($i=1, 2, 3$).

$\Omega$ 所含样本点数：

$$4\times 4\times 4=4^3=64$$

$A_1$ 所含样本点数：

$$4\times3\times2=24$$

所以

$$P(A_1)=\frac{24}{64}=\frac{3}{8}$$

$A_2$ 所含样本点数：

$$C_3^2\cdot4\cdot3=36$$

所以

$$P(A_2)=\frac{36}{64}=\frac{9}{16}$$

$A_3$ 所含样本点数：

$$C_3^3\cdot4=4$$

所以

$$P(A_3)=\frac{4}{64}=\frac{1}{16}$$

**例 6.3** 将一枚质地均匀的硬币抛三次，求恰有一次正面向上的概率.

**解** 用 $H$ 表示正面，$T$ 表示反面，则该试验的样本空间

$$\Omega=\{(H,H,H),(H,H,T),(H,T,H),(T,H,H),(H,T,T),(T,H,T),(T,T,H),(T,T,T)\}$$

可见 $N_\Omega=8$.

令 $A=\{$恰有一次出现正面$\}$，则

$$A=\{(H,T,T),(T,H,T),(T,T,H)\}$$

可见 $N_A=3$.

故 $P(A)=\dfrac{3}{8}$.

**例 6.4** 有 100 件产品，其中 5%为次品，从中随机抽取 15 件，求其中恰有 2 件次品的概率.

**解** 由于从 100 件产品中随机抽取 15 件，所以有 $C_{100}^{15}$ 种可能，而次品数为 $100\times5\%=5$ 件，确定又有 2 件次品的抽法有 $C_{95}^{13}C_5^2$ 种，所以 $P=\dfrac{C_{95}^{13}C_5^2}{C_{100}^{15}}\approx0.1377$.

**例 6.5** 全班有 40 名同学，问他们的生日皆不相同的概率为多少？（一年按 365 天算）

**解** 令 $A=\{40$ 个同学生日皆不相同$\}$，则有 $N_\Omega=365^{40}$，$N_A=P_{365}^{40}$，因此

$$P(A)=\frac{N_A}{N_\Omega}=\frac{P_{365}^{40}}{365^{40}}\approx0.109$$

**2. 概率的统计定义**

频率：在 $n$ 次重复试验中，设事件 $A$ 出现了 $n_A$ 次，则称 $f_n(A)=\dfrac{n_A}{n}$ 为事件 $A$ 的频

率.频率具有一定的稳定性，示例如表6.1所示.

**表6.1 抛硬币试验**

| 试验者 | 抛硬币次数 $n$ | 正面(A)出现次数 $n_A$ | 正面(A)出现的频率 $f_n(A)=\frac{n_A}{n}$ |
|---|---|---|---|
| 德·摩根 | 2048 | 1061 | 0.5181 |
| 浦丰 | 4040 | 2048 | 0.5069 |
| 皮尔逊 | 24 000 | 12 012 | 0.5005 |
| 维尼 | 30 000 | 14 994 | 0.4998 |

频率有以下基本性质：

(1) $f_n(A)\geqslant 0$；

(2) $f_n(\Omega)=1$；

(3) 若 $A_1, A_2, \cdots A_k$，两两互不相容，则 $f_n(\bigcup\limits_{i=1}^{k} A_i)=\sum\limits_{i=1}^{k} f_n(A_i)$.

**定义6.2** 在相同条件下，将试验重复 $n$ 次，如果随着重复试验次数 $n$ 的增大，事件 $A$ 的频率 $f_n(A)$ 越来越稳定地在某一常数 $p$ 附近摆动，则称常数 $p$ 为事件 $A$ 的概率，即 $P(A)=p$.

**3. 概率的公理化定义**

**定义6.3** 设某试验的样本空间为 $\Omega$，对其中每个事件 $A$ 定义一个实数 $P(A)$，如果它满足下列三条公理：

(1) $P(A)\geqslant 0$(非负性)；

(2) $P(\Omega)=1$，$P(\varnothing)=0$ (规范性)；

(3) 若 $A_1, A_2, \cdots, A_n$ 两两互不相容，则 $P(\bigcup\limits_{i=1}^{n} A_i)=\sum\limits_{i=1}^{n} P(A_i)$ (称为可加性)；则称 $P(A)$ 为 $A$ 的概率.

## 二、概率的性质

**性质6.1** 若 $A\subset B$，则 $P(B-A)=P(B)-P(A)$.

**性质6.2** 若 $A\subset B$，则 $P(A)<P(B)$.

**性质6.3** $P(A)\leqslant 1$.

**性质6.4** 对任意事件 $A$，$P(\overline{A})=1-P(A)$.

**性质6.5(加法公式)** 对任意事件 $A$、$B$，有 $P(A\cup B)=P(A)+P(B)-P(AB)$.

推广：$P(A\cup B\cup C)=P(A)+P(B)+P(C)-P(AB)-P(AC)-P(BC)+P(ABC)$.

**例6.6** 设10个产品中有3个是次品，今从中任取3个，试求取出产品中至少有一个是次品的概率.

**解** 令 $C$={取出产品中至少有一个是次品}，则 $\overline{C}$={取出产品中皆为正品}，于是由性质 6.4 得

$$P(C)=1-P(\overline{C})=1-\frac{C_7^3}{C_{10}^7}=1-\frac{7}{24}=\frac{17}{24}$$

**例 6.7** 甲、乙两城市在某季节内下雨的概率分别为 0.4 和 0.35，而同时下雨的概率为 0.15，求在此季节内甲、乙两城市中至少有一个城市下雨的概率.

**解** 令 $A$={甲城下雨}，$B$={乙城下雨}，按题意所要求的是

$$P(A\cup B)=P(A)+P(B)-P(AB)=0.4+0.35-0.15=0.6$$

## 习题 6.2

1. 设有五只大小相同的乒乓球，对其分别编号为 1、2、3、4、5，从中任意取出一只乒乓球，试求取到的乒乓球是奇数号码的概率.

2. 假设有 10 件产品，其中合格品有 7 件，次品有 3 件，从中任意取出 5 件，计算下面概率：

(1) 任意取出的 5 件产品中恰好有 1 件是次品的概率；

(2) 任意取出的 5 件产品都是合格品的概率.

3. 甲、乙两位射击运动员以同一目标进行射击比赛，甲击中目标的概率为 0.9，乙击中目标的概率为 0.8，甲、乙同时击中目标的概率为 0.72，试求甲、乙至少有一位击中目标的概率.

# 第3节 条件概率

## 一、条件概率的概念及计算

**定义 6.4** 设 $A$、$B$ 为两事件，如果 $P(B)>0$，则称 $P(A|B)=\dfrac{P(AB)}{P(B)}$ 为在事件 $B$ 发生的条件下，事件 $A$ 的条件概率. 同样，如果 $P(A)>0$，则称 $P(B|A)=\dfrac{P(AB)}{P(A)}$ 为在事件 $A$ 发生的条件下，事件 $B$ 的条件概率.

条件概率的计算通常有两种办法：

(1) 由条件概率的含义计算，通常适用于古典概型；

(2) 由条件概率的定义计算.

**例 6.8** 一盒子内有 10 只晶体管，其中 4 只是坏的，6 只是好的，从中无放回地取二次晶体管，每次取一只，当发现第一次取得的是好的晶体管时，问第二次取得的也是好的晶体管的概率为多少？

**解** 令 $A=\{$第一次取得的是好的晶体管$\}$，$B=\{$第二次取得的是好的晶体管$\}$. 按条件概率的含义立即可得 $P(B|A)=\dfrac{6-1}{10-1}=\dfrac{5}{9}$. 另外，按条件概率的定义需先计算 $P(A)=\dfrac{C_6^1}{C_{10}^1}=\dfrac{3}{5}$、$P(AB)=\dfrac{C_6^1C_5^1}{C_{10}^2}=\dfrac{1}{3}$，利用 $P(B|A)=\dfrac{P(AB)}{P(A)}$，可知 $P(B|A)=\dfrac{1}{3}\div\dfrac{3}{5}=\dfrac{5}{9}$.

**例 6.9** 某种集成电路使用到 2000 小时还能正常工作的概率为 0.94，使用到 3000 小时还能正常工作的概率为 0.87. 有一块集成电路已工作了 2000 小时，问它还能再工作 1000 小时的概率为多大？

**解** 令 $A=\{$集成电路能正常工作到 2000 小时$\}$，$B=\{$集成电路能正常工作到 3000 小时$\}$，已知：$P(A)=0.94$，$P(B)=0.87$，且 $B\subset A$，即有 $AB=B$，于是 $P(AB)=P(B)=0.87$.

按题意所要求的概率为

$$P(B|A)=\frac{P(AB)}{P(A)}=\frac{0.87}{0.94}\approx 0.926$$

## 二、条件概率的三个重要公式

### 1. 乘法公式

**定理 6.1** 如果 $P(B)>0$，那么

$$P(AB)=P(B)P(A|B)$$

同样，如果 $P(A)>0$，则

$$P(AB)=P(A)P(B|A)$$

**例 6.10** 已知某产品的不合格品率为 4%，而合格品中有 75% 的一级品，今从这批产品中任取一件，求取得的为一级品的概率.

**解** 令 $A=$｛任取一件产品为一级品｝，$B=$｛任取一件产品为合格品｝，显然 $A\subset B$，即有 $AB=A$，故 $P(AB)=P(A)$. 于是，所求概率为

$$P(A)=P(AB)=P(B)(P(A|B)=(1-0.04)\times 0.75=0.72$$

**2. 全概率公式**

**定义 6.5** 如果一组事件 $H_1, H_2, \cdots, H_n$ 在每次试验中必发生且仅发生一个，即 $\bigcup\limits_{i=1}^{n} H_i=\Omega$ 且 $H_i\cap H_j=\varnothing(i\neq j)$，则称此事件组为该试验的一个完备事件组.

例如，在掷一颗骰子的试验中，以下事件组均为完备事件组：

① {1}，{2}，{3}，{4}，{5}，{6}；

② {1，2，3}，{4，5 }，{6}；

③ $A$，$\overline{A}$（$A$ 为试验中任意一事件）.

**定理 6.2** 设 $H_1, H_2, \cdots, H_n$ 为一完备事件组，且 $P(H_i)>0(i=1, 2, \cdots, n)$，则对于任意事件 $A$ 有 $P(A)=\sum\limits_{i=1}^{n}P(H_i)P(A\mid H_i)$

**例 6.11** 某届世界女排锦标赛半决赛的对阵如图 6.7 所示，根据以往资料可知，中国胜美国的概率为 0.4 ，中国胜日本的概率为 0.9，而日本胜美国的概率为 0.5，求中国得冠军的概率.

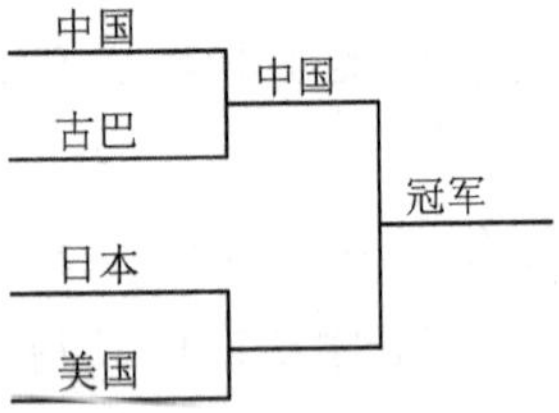


图 6.7

**解** 令 $H=$｛日本胜美国｝，$\overline{H}=$｛美国胜日本｝，$A=$｛中国得冠军｝，由全概率公式便得所求的概率为

$$P(A)=P(H)P(A|H)+P(\overline{H})P(A|\overline{H})=0.5\times 0.9+0.5\times 0.4=0.65$$

**3. 贝叶斯公式**

**定理 6.3** 设 $H_1, H_2, \cdots, H_n$ 为一完备事件组，且 $P(H_i)>0(i=1, 2, \cdots, n)$，又设 $A$ 为任意事件，且 $P(A)>0$，则有

$$P(H_i \mid A)=\frac{P(H_i)P(A \mid H_i)}{\sum_{j=1}^{n}P(H_j)P(A \mid H_j)}$$

**例 6.12** 某种诊断癌症的实验有如下效果：患有癌症者做此实验反映为阳性的概率为 0.95，不患有癌症者做此实验反映为阴的概率也为 0.95，并假定就诊者中有 0.005 的人患有癌症. 已知某人做此实验反应为阳性，问他是一个癌症患者的概率是多少?

**解** 令 $H$=｛做实验的人为癌症患者｝，$\overline{H}$=｛做实验的人不为癌症患者｝，$A$=｛实验结果反应为阳性｝，$\overline{A}$=｛实验结果反应为阴性｝，由贝叶斯公式可求得所要求的概率为

$$P(H|A)=\frac{P(H)P(A|H)}{P(H)P(A|H)+P(\overline{H})P(A|\overline{H})}=\frac{0.005\times 0.95}{0.005\times 0.95+0.995\times 0.05}\approx 0.087$$

## 习题 6.3

1. $P(A)=0.3$，$P(B)=0.4$，$P(AB)=0.2$，求条件概率 $P(B|A)$ 及 $P(A|B)$.

2. 已知甲地下雨的概率为 $P(A)=0.5$，乙地下雨的概率为 $P(B)=0.3$，甲、乙两地同时下雨的概率为 $P(AB)=0.1$. 在甲地下雨的条件下，试求乙地下雨的概率.

3. 在 10 件产品中有 4 件正品和 6 件次品，从中任意取出 2 件，若其中至少有 1 件是正品，求取出 2 件都是正品的概率.

# 第4节 独 立 性

## 一、事件的独立性

如果事件 $B$ 的发生不影响事件 $A$ 的概率(例如：某人掷一颗骰子两次，第一次骰子出现的点数 $A$ 并不会影响第二次骰子出现的点数 $B$)，且 $P(B)>0$ 时，有 $P(A|B)=P(A)$，则称事件 $A$ 对事件 $B$ 独立；反之，如果事件 $A$ 的发生不影响事件 $B$ 的概率，且 $P(A)>0$ 时，有 $P(B|A)=P(B)$，则称事件 $B$ 对事件 $A$ 独立. 当 $P(A)>0$，$P(B)>0$，上述两个式子是等价的，因此有下面定义：

**定义 6.6** 对任意两个事件 $A$ 与 $B$，若 $P(AB)=P(A)\cdot P(B)$，则称事件 $A$ 与 $B$ 相互独立.

**定理 6.4** 事件 $A$ 与 $B$ 独立的充要条件是

$$P(B|A)=P(B),\ P(A)>0 \text{ 或 } P(A|B)=P(A),\ P(B)>0$$

**例 6.13** 袋中有 3 个白球 2 个黑球，现从袋中分别有放回、无放回的各取两次球，每次取一球，令 $A=\{$第一次取出的是白球$\}$，$B=\{$第二次取出的是白球$\}$，问 $A$，$B$ 是否独立?

**解** (1) 有放回取球情况：$P(A)=\dfrac{3}{5}$，$P(B)=\dfrac{3}{5}$，$P(AB)=\dfrac{3^2}{5^2}=P(B)P(A)$，因此 $A$，$B$ 独立.

(2) 无放回取球情况：$P(A)=\dfrac{3}{5}$，$P(B)=\dfrac{3\times2+2\times3}{5\times4}=\dfrac{3}{5}$，而 $P(AB)=\dfrac{3\times2}{5\times4}=\dfrac{3}{10}$，所以 $P(AB)\neq P(A)P(B)$，故 $A$，$B$ 不独立.

**例 6.14** 统计浙江浦阳江甲乙两地在 1964－1966 年 3 年内 6 月份 90 天中降雨的天数. 甲地降雨 46 天，乙地降雨 45 天，两地同时降雨 42 天. 假定两地 6 月份任一天为雨日的频率稳定，试问：

(1) 6 月份两地降雨是否相互独立?

(2) 6 月份任一天至少有一地降雨的概率为多少?

**解** 设 $A$，$B$ 分别表示 6 月份任一天甲乙两地降雨的时间，则

$$P(A)=\frac{46}{90},\ P(B)=\frac{45}{90}$$

(1) 根据假定降雨频率稳定，所以以频率作为概率的近似值.

$$P(A/B)=P(AB)/P(B)=\frac{42/90}{45/90}=\frac{42}{45}\approx0.93$$

而

$$P(A)=\frac{46}{90}\approx 0.51$$

则 $P(A/B)$ 与 $P(A)$ 不等，故不是相互独立事件.

(2)
$$P(A+B)=P(A)+P(B)-P(AB)$$
$$=\frac{46}{90}+\frac{45}{90}-\frac{42}{90}\approx 0.54$$

**定义 6.7** 设 $A$，$B$，$C$ 为三个事件，如果 $P(AB)=P(A)P(B)$，$P(AC)=P(A)P(C)$，$P(BC)=P(B)P(C)$，$P(ABC)=P(A)P(B)P(C)$，则称 $A$，$B$，$C$ 是相互独立的.

**定义 6.8** 设 $A_1$，$A_2$，…，$A_n$ 为 $n$ 个事件，如果对任意正整数 $k(k\leqslant n)$ 及上述事件中的任意 $k$ 个事件 $A_{i_1}$，$A_{i_2}$，…，$A_{i_k}$，有 $P(A_{i_1}A_{i_2}\cdots A_{i_k})=P(A_{i_1})P(A_{i_2})\cdots P(A_{i_k})$，则称这 $n$ 个事件 $A_1$，$A_2$，…，$A_n$ 是相互独立的.

**例 6.15** 三人独立地破译一个密码，他们能译出的概率分别为 $\frac{1}{5}$，$\frac{1}{3}$，$\frac{1}{4}$，求密码被译出的概率.

**解** 令 $A_i=\{$第 $i$ 个人能译出密码$\}$，$i=1, 2, 3$；$A=\{$密码能被译出$\}$，则所要求的概率为

$$P(A)=P(A_1\cup A_2\cup A_3)=1-P(\overline{A}_1)P(\overline{A}_2)P(\overline{A}_3)$$
$$=1-\frac{4}{5}\times\frac{2}{3}\times\frac{3}{4}=0.6$$

**例 6.16** 设每支步枪击中飞机的概率为 $p=0.004$.

(1) 现有 250 支步枪同时射击飞机，求飞机被击中的概率.

(2) 若要以 99% 的概率击中飞机，问至少需多少支步枪同时射击？

**解** (1) 令 $A_i=\{$第 $i$ 支步枪击中飞机$\}$，$i=1, 2, \cdots, n$；$A=\{$飞机被击中$\}$，由于 $n=250$，因此所要求的概率为

$$P(A)=P(A_1\cup A_2\cup\cdots A_{250})=1-P(\overline{A}_1)P(\overline{A}_2)\cdots P(\overline{A}_{250})$$
$$=1-(1-p)^{250}=1-(0.996)^{250}\approx 0.63$$

(2) 设至少需要 $n$ 支步枪同时射击，按题意 $P(A)=1-(1-p)^n=0.99$，即 $(1-p)^n=0.01$，即 $(0.996)^n=0.01$，于是得

$$n=\frac{\ln 0.01}{\ln 0.996}\approx 1149$$

**例 6.17** 某防汛部门有甲乙两人各自独立开展洪水预报. 甲报准的概率 $P(A)=0.88$，乙报准的概率 $P(B)=0.92$，求在一次预报中，甲乙两人中至少有 1 人报准的概率.

**解** 设 $C$ 表示事件"至少有 1 人报准"，则 $C=A+B$，由于 $A$ 与 $B$ 相互独立，故

$$P(C)=P(A+B)=P(A)+P(B)-P(AB)$$
$$=0.88+0.92-0.88\times 0.92\approx 0.99$$

## 二、独立重复试验

在相同条件下，将某试验重复进行 $n$ 次，且每次试验中任何一事件的概率不受其他次试验结果的影响，此种试验称为 $n$ 次独立重复试验. 例如：掷一枚硬币观察其出现正面还是反面；抽取一件产品检验其是正品还是次品；一颗种子发芽或不发芽等. 有些试验虽然可能的结果不止两个，但我们总是可以将感兴趣的试验结果定义为 $A$，而所有其他结果都定义为 $\overline{A}$，这样该试验也就只含有 $A$ 和 $\overline{A}$ 这两个对立的结果了. 我们将这样的试验独立地重复 $n$ 次，而且 $P(A)=p(0<p<1)$，则称此试验为 $n$ 重伯努利试验，针对 $n$ 重伯努利试验给出的概率模型，称为伯努利概型.

例如：(1) 将一骰子掷 10 次观察出现 6 点的次数——10 重伯努利试验；(2)在装有 8 个正品，2 个次品的箱子中，有放回地取 5 次产品，每次取一个，观察取得次品的次数——5 重伯努利试验；(3)向目标独立地射击 $n$ 次，每次击中目标的概率为 $p$，观察击中目标的次数——$n$ 重伯努利试验等等.

在 $n$ 重伯努利实验中，假定每次实验事件 $A$ 出现的概率为 $p(0<p<1)$，则在 $n$ 重伯努利试验中，事件 $A$ 恰好出现了 $k$ 次的概率为

$$P_n(k)=\mathrm{C}_n^k p^k(1-p)^{n-k}=\mathrm{C}_n^k p^k q^{n-k}，k=1，2，\cdots，n$$

其中 $q=1-p$.

**例 6.18** 某彩票每周开奖一次，每次只有百万分之一中奖的概率. 若你每周买一张彩票，尽管你坚持十年(每年 52 周)之久，但你从未中过奖的概率是多少？

**解** 每周买一张彩票，不中奖的概率是 $1-10^{-6}$，十年中共购买 520 次，且每次开奖都相互独立，所以十年中从未中过奖的概率为

$$p=(1-10^{-6})^{520}\approx 0.9948$$

**例 6.19** 一副扑克牌(52 张)，从中任取 13 张，求至少有一张“A”的概率.

**解** 设 $A$={任取的 13 张牌中至少有一张“A”}，并设 $A_i$={任取的 13 张牌中恰有 $i$ 张“A”}，$i=1，2，3，4$，则 $A=A_1\cup A_2\cup A_3\cup A_4$，且 $A_1，A_2，A_3，A_4$ 两两互斥.

$$P(A_i)=\frac{\mathrm{C}_4^i\mathrm{C}_{48}^{13-i}}{\mathrm{C}_{52}^{13}}，i=1，2，3，4$$

因此

$$P(A)=\sum_{i=1}^{4}P(A_i)=\sum_{i=1}^{4}\frac{\mathrm{C}_4^i\mathrm{C}_{48}^{13-i}}{\mathrm{C}_{52}^{13}}\approx 0.696$$

用另一方法来计算这一概率：

$$P(\overline{A})=\frac{\mathrm{C}_{48}^{13}}{\mathrm{C}_{52}^{13}}$$

从而

$$P(A)=1-P(\overline{A})=1-\frac{C_{48}^{13}}{C_{52}^{13}}\approx 0.696$$

**例 6.20** 某射手向某目标射击 5 次，每次击中目标的概率为 $p$，不击中目标的概率为 $q$，且每次是否击中目标是相互独立的，求 5 次射击当中恰好击中目标 3 次的概率 $P_5(3)$.

**解** 这是一个 5 重伯努利试验.

$\{5$ 次恰好击中 3 次$\}=A_1A_2A_3\overline{A_4A_5}+\cdots+\overline{A_1A_2}A_3A_4A_5$，共有 $C_5^3$ 项.

$$P(A_1A_2A_3\overline{A_4A_5})=P(A_1)P(A_2)P(A_3)P(\overline{A_4})P(\overline{A_5})=p^3q^2,\cdots$$

由于有 $C_5^3$ 项，每一项的概率都是 $p^3q^2$.

所以 5 次恰好击中目标 3 次的概率为

$$P_5(3)=C_5^3p^3q^2$$

同理，

$$P_5(4)=C_5^4p^4q$$

$$P_5(k)=C_5^kp^kq^{5-k},\ k=1,2,3,4,5$$

## 习题 6.4

1. 四位密码译电员在独立破译一段密码，他们能够单独破译出的概率分别为 $\frac{1}{6}$、$\frac{1}{4}$、$\frac{1}{3}$、$\frac{1}{5}$，求该段密码被破译的概率.

2. 每次射击命中率为 0.2，必须进行多少次独立射击，才能使至少命中一次的概率不小于 0.9 或不小于 0.99.

3. 已知某种零件加工有 2 种工艺. 第 1 种工艺里又有 3 道工序，每一道工序出现废品的概率分别为 0.9、0.8、0.85；第 2 种工艺里又有 2 道工序，每一道工序出现废品的概率分别为 0.3、0.3. 如果第 1 种工艺在合格品里得到优等品的概率是 0.9，第 2 种工艺在合格品里得到优等品的概率是 0.8，那么使用哪一种工艺得到正品的概率比较大一些？

# 第5节 随机变量的分布

## 一、随机变量

**定义 6.9** 一个变量 $X$ 的取值取决于随机试验 $E$(现象)的基本结果 $\omega$，则该变量 $X(\omega)$ 称为随机变量. 随机变量常用大写字母 $X$、$Y$、$Z$ 等表示，其取值用小写字母 $x$、$y$、$z$ 等表示.

引入随机变量的概念后，随机事件就可以用随机变量的数量形式来表示，从而把对随机事件的研究转化为对随机变量的研究，这是运用各种数学工具研究随机现象的基础. 随机变量是由随机试验的结果所决定的变量；“随机”性表现在，随机变量取什么值，在试验前无法确知，要随机会而定.

例如：掷一颗骰子得到的点数，分别用 1、2、3、4、5、6 来表示；测试一个灯泡的使用寿命，结果对应着 $(0, +\infty)$ 中的一个实数；投篮一次“命中”可用 1 表示，“没有命中”可用 0 表示；从一批产品中随机抽取一个检验，“次品”用 0 表示，“合格品”用 1 表示等等.

**定义 6.10** 设 $X$ 是一个随机变量，对于任意实数 $x$，令 $F(x)=P\{X\leqslant x\}$，称 $F(x)$ 为随机变量 $X$ 的概率分布函数，简称分布函数.

分布函数的性质：

(1) 对于任意实数 $x$，$0\leqslant F(x)\leqslant 1$；

(2) $F(-\infty)=\lim\limits_{x\to-\infty}F(x)=0$，$F(+\infty)=\lim\limits_{x\to+\infty}F(x)=1$；

(3) $F(x)$是单调非减函数，即对于任意 $x_1<x_2$，有 $F(x_1)\leqslant F(x_2)$；

(4) 右连续，即 $F(x)=F(x+0)$.

## 二、离散型随机变量的分布

**定义 6.11** 设 $X$ 为离散型随机变量，其可能取值为 $x_1$，$x_2$，…，且

$$P\{X=x_i\}=P(X_i)=p_i(i=1, 2, \cdots)$$

称上式为随机变量 $X$ 的概率分布或分布列.

随机变量 $X$ 的概率分布可用如下形式的表格来表示：

| $X$ | $x_1$ | $x_2$ | $x_3$ | … | $x_n$ | … |
|---|---|---|---|---|---|---|
| $p$ | $p_1$ | $p_2$ | $p_3$ | … | $p_n$ | … |

离散型随机变量的概率分布有如下的性质：

(1) $p_i\geqslant 0(i=1, 2, \cdots)$；

(2) $\sum_{i=1}^{\infty} p_i = 1$.

离散型随机变量的分布函数可表示为

$$F(x) = P\{X \leqslant x\} = \sum_{x_i \leqslant x} P\{X = x_i\} = \sum_{x_i \leqslant x} p_i$$

**例 6.21** 设随机变量的 $X$ 的概率分布为

$$P\{X=k\}=\frac{a}{6},\ k=1,\ 2,\ \cdots,\ 6$$

试确定常数 $a$.

**解** 由 $\sum_{k=1}^{6} P\{X=k\} = \sum_{k=1}^{6} \frac{a}{6} = 1$，得 $a=1$.

**例 6.22** 有一批产品共40件，其中有3件次品. 从中随机抽取5件，以 $X$ 表示取到次品的件数，求 $X$ 的概率分布及分布函数.

**解** 随机变量 $X$ 可能取到的值为0，1，2，3，按古典概率计算事件 $\{X=k\}$ $(k=0,\ 1,\ 2,\ 3)$ 的概率，得 $X$ 的概率分布为

$$P\{X=k\}=\frac{C_3^k C_{37}^{5-k}}{C_{40}^5},\ k=0,\ 1,\ 2,\ 3$$

或

| $X$ | 0 | 1 | 2 | 3 |
|---|---|---|---|---|
| $p$ | 0.6624 | 0.3011 | 0.0354 | 0.0011 |

当 $x<0$ 时，$F(x)=P\{X \leqslant x\}=0$；

当 $0 \leqslant x < 1$ 时，$F(x) = \sum_{k \leqslant x} P\{X=k\} = P\{X=0\} = 0.6624$；

当 $1 \leqslant x < 2$ 时，$F(x) = \sum_{k \leqslant x} P\{X=k\} = P\{X=0\} + P\{X=1\} = 0.9635$.

类似地可求得

当 $2 \leqslant x < 3$ 时，$F(x) = P\{X=0\} + P\{X=1\} + P\{X=2\} = 0.9989$；

当 $x \geqslant 3$ 时，$F(x)=1$.

故 $X$ 的分布函数为

$$F(x)=\begin{cases} 0, & x<0 \\ 0.6624, & 0 \leqslant x<1 \\ 0.9635, & 1 \leqslant x<2 \\ 0.9989, & 2 \leqslant x<3 \\ 1, & x \geqslant 3 \end{cases}$$

## 三、连续型随机变量的分布

**定义 6.12** 如果对于随机变量 $X$ 的分布函数 $F(x)$，存在函数 $f(x) \geqslant 0(-\infty<x<+\infty)$，

使得对于任意实数 $x$，有 $F(x)=P\{X\leqslant x\}=\int_{-\infty}^{x}f(x)\mathrm{d}x$，则称 $X$ 为连续型随机变量，函数 $f(x)$ 称为 $X$ 的概率密度函数(简称密度函数).

密度函数的性质和意义：

(1) $f(x)\geqslant 0(-\infty<x<+\infty)$；

(2) $\int_{-\infty}^{+\infty}f(x)\mathrm{d}x=F(+\infty)=P\{X\leqslant +\infty\}=1$；

(3) 对于任意实数 $a$ 和 $b(a<b)$，有

$$P\{a<X\leqslant b\}=F(b)-F(a)=\int_{a}^{b}f(x)\mathrm{d}x$$

(4) 在 $f(x)$的连续点处，有 $F'(x)=f(x)$.

**定义 6.13** 设 $X$ 是一个随机变量，$g(x)$为连续实函数，则 $Y=g(X)$称为一维随机变量的函数，显然 $Y$ 也是一个随机变量.

离散型随机变量函数分布的求法如下：首先将 $X$ 的取值代入函数关系式，求出随机变量 $Y$ 相应的取值 $y_i=g(x_i)(i=1, 2, \cdots)$. 如果 $y_i(i=1, 2, \cdots)$的值各不相等，则 $Y$ 的概率分布为

| $Y$ | $y_1$ | $y_2$ | $\cdots$ | $y_i$ | $\cdots$ |
|---|---|---|---|---|---|
| $p$ | $p_1$ | $p_2$ | $\cdots$ | $p_i$ | $\cdots$ |

如果 $y_i=g(x_i)(i=1, 2, \cdots)$中出现相同的函数值，如 $y_i=g(x_i)=g(x_k)\ (i\neq k)$，则在 $Y$ 的概率分布列中，$Y$ 取 $y_i$ 的概率为

$$P\{Y=y_i\}=P\{X=x_i\}+P\{X=x_k\}=p_i+p_k$$

**例 6.23** 设随机变量 $X$ 的概率分布为

| $X$ | $-2$ | $-1$ | 0 | 1 | 2 | 3 |
|---|---|---|---|---|---|---|
| $p$ | 0.05 | 0.15 | 0.20 | 0.25 | 0.20 | 0.15 |

求 $Y=2X+1$ 和 $Z=X^2$ 的概率分布.

**解** 由 $Y=2X+1$ 和 $X$ 可能的取值，得 $Y$ 相应的取值为$-3$，$-1$，1，3，5，7，又由 $Y=2X+1$ 中 $Y$ 与 $X$ 是一一对应关系可得 $Y$ 的概率分布为

| $Y=2X+1$ | $-3$ | $-1$ | 1 | 3 | 5 | 7 |
|---|---|---|---|---|---|---|
| $p$ | 0.05 | 0.15 | 0.20 | 0.25 | 0.20 | 0.15 |

$Z=X^2$ 可能取的值为 0，1，4，9，相应的概率值为

$$P\{Z=0\}=P\{X=0\}=0.20$$

$$P\{Z=1\}=P\{X=-1\}+P\{X=1\}=0.15+0.25=0.40$$

$$P\{Z=4\}=P\{X=-2\}+P\{X=2\}=0.05+0.20=0.25$$

$$P\{Z=9\}=P\{x=3\}=0.15$$

即 $Z$ 的概率分布为

| $Z=X^2$ | 0 | 1 | 4 | 9 |
|---|---|---|---|---|
| $p$ | 0.20 | 0.40 | 0.25 | 0.15 |

**例 6.24** 设 $X$ 的密度函数为 $f(x)$，求随机变量 $Y=aX+b$($a$、$b$ 均为常数，且 $a\neq0$)的密度函数.

**解** 用 $F_Y(y)$来表示随机变量 $y$ 的分布函数，由分布函数的定义有

$$F_Y(y)=P\{Y\leqslant y\}=P\{aX+b\leqslant y\}$$

当 $a>0$ 时，

$$F_Y(y)=P\left\{X\leqslant\frac{y-b}{a}\right\}=\int_{-\infty}^{\frac{y-b}{a}}f(x)\mathrm{d}x$$

因此

$$f(y)=F'_Y(y)=\frac{1}{a}f\left(\frac{y-b}{a}\right)$$

当 $a<0$ 时，

$$F_Y(y)=P\left\{X\geqslant\frac{y-b}{a}\right\}=1-P\left\{X<\frac{y-b}{a}\right\}=1-\int_{-\infty}^{\frac{y-b}{a}}f(x)\mathrm{d}x$$

因此

$$f(y)=F'_Y(y)=-\frac{1}{a}f\left(\frac{y-b}{a}\right)$$

故 $Y$ 的密度函数为

$$f(y)=F'_Y(y)=\frac{1}{|a|}f\left(\frac{y-b}{a}\right)$$

## 习题 6.5

1. 一批产品的次品率是 5%，从中随机取一个进行检查，正品记为 0，次品记为 1，抽取结果可以用一个随机变量 $X$ 来表示，求 $X$ 的概率分布.

2. 在一批产品中有 1%的不合格品，从中任意选取出多少件产品进行检验，才能保证其中至少有一件不合格品的概率不小于 0.95?

3. 用随机变量 $X$ 来描述掷一枚硬币的试验结果，并写出其概率分布和分布函数.

# 第6节 数学期望与方差

## 一、数学期望的概念

分布函数在概率意义上给随机变量以完整的刻画，但在许多实际问题的研究中，要确定某一随机变量的概率分布往往并不容易. 就某些实际问题而言，我们更关心随机变量的某些特征. 例如：在研究水稻品种的优劣时，往往关心的是稻穗的平均稻谷粒数；在评价两名射手的射击水平时，通常是通过比较两名射手在多次射击试验中命中环数的平均值来区别水平高低.

我们把一些与随机变量的概率分布密切相关且能反映随机变量某些方面重要特征的数值称为随机变量的数字特征.

**例 6.25** 某商店从工厂进货，该货物有四个等级：一等、二等、三等和等外，产品属于这些等级的概率依次是：0.5、0.3、0.15、0.05. 若商店每销出一件一等品获利 10.5 元，销出一件二、三等品分别获利 8 元和 3 元，而销出一件等外品则亏损 6 元，问平均销出一件产品获利多少元?

**解** 假设该商店进货量 $N$ 极大，则一等品、二等品、三等品和等外品的件数分别为 $0.5N$ 件、$0.3N$ 件、$0.15N$ 件、$0.05N$ 件. 这 $N$ 件产品总的销售获利为

$$0.5N\times10.5+0.3N\times8+0.15N\times3+0.05N\times(-6)\ (\text{元})$$

故平均获利为

$$\begin{aligned}&\frac{1}{N}[0.5N\times10.5+0.3N\times8+0.15N\times3+0.05N\times(-6)]\\&=0.5\times10.5+0.3\times8+0.15\times3+0.05\times(-6)\\&=7.8(\text{元})\end{aligned}$$

从结果来看，平均获利与进货量 $N$ 并无关系，只与各等级的概率和获利情况有关，等于它们乘积之和 $\sum_{i=1}^{k}x_ip_i$，即这个量不依赖于试验的次数，它体现了随机变量 $X$ 的客观属性，我们把它称为随机变量 $X$ 的数学期望或理论均值.

## 二、离散型随机变量的数学期望

**定义 6.14** 设随机变量 $X$ 的分布列为 $P\{X=x_i\}=p_i(i=1, 2, \cdots)$，若级数 $\sum_{i=1}^{\infty}x_ip_i$ 绝对收敛，则称 $\sum_{i=1}^{\infty}x_ip_i$ 为随机变量 $X$ 的数学期望，记作 $E(X)$，即 $E(X)=\sum_{i=1}^{\infty}x_ip_i$.

如果级数 $\sum_{i=1}^{\infty}|x_i|p_i$ 发散，则称 $X$ 的数学期望不存在.

**例 6.26** 甲、乙两名射手在相同条件下进行射击，其命中环数 $X$ 及其概率为

| $X$（环） | 8 | 9 | 10 |
|---|---|---|---|
| $p_甲$ | 0.1 | 0.4 | 0.5 |
| $p_乙$ | 0.3 | 0.3 | 0.4 |

试问哪名射手的技术更好些？

**解** 甲、乙射手命中环数 $X$ 的数学期望为

$$E(X_甲)=8\times 0.1+9\times 0.4+10\times 0.5=9.4(\text{环})$$

$$E(X_乙)=8\times 0.3+9\times 0.3+10\times 0.4=9.1(\text{环})$$

结果说明若甲、乙进行多次射击，则甲的平均命中环数为 9.4 环，而乙的平均命中环数为 9.1 环，这说明甲的射击技术比乙好些.

## 三、连续型随机变量的数学期望

**定义 6.15** 设连续型随机变量 $X$ 的概率密度函数为 $f(x)$，若积分 $\int_{-\infty}^{+\infty}xf(x)\mathrm{d}x$ 绝对收敛，则称积分 $\int_{-\infty}^{+\infty}xf(x)\mathrm{d}x$ 为 $X$ 的数学期望，记为 $E(X)$，即 $E(X)=\int_{-\infty}^{+\infty}xf(x)\mathrm{d}x$；若积分 $\int_{-\infty}^{+\infty}|x|f(x)\mathrm{d}x$ 发散，则称 $X$ 的数学期望不存在.

连续型随机变量的期望 $E(X)$ 反映了随机变量 $X$ 取值的“平均水平”. 假如 $X$ 表示寿命，则 $E(X)$ 就表示平均寿命；假如 $X$ 表示质量，$E(X)$ 就表示平均质量. 从分布的角度看，数学期望是分布的中心位置.

**例 6.27** 随机变量 $X$ 的概率密度函数为 $f(x)=\begin{cases}2x, & 0\leqslant x\leqslant 1\\ 0, & 其他\end{cases}$，求 $X$ 的数学期望.

**解**
$$E(X)=\int_{-\infty}^{+\infty}xf(x)\mathrm{d}x=\int_0^1 x(2x)\mathrm{d}x=2\int_0^1 x^2\mathrm{d}x=\frac{2}{3}$$

**定理 6.5** 设 $X$ 是一个随机变量，$g(x)$ 为连续实函数.

(1) 若 $X$ 是离散型随机变量，其概率分布为 $P\{X=x_i\}=p_i(i=1, 2, \cdots)$，若级数 $\sum_{i=1}^{\infty}g(x_i)p_i$ 绝对收敛，则 $E[g(X)]$ 存在，且

$$E(Y)=E[g(X)]=\sum_{i=1}^{\infty}g(x_i)p_i$$

(2) 若 $X$ 是连续型随机变量，其概率密度函数为 $f_X(x)$，若积分 $\int_{-\infty}^{+\infty}g(x)f_X(x)\mathrm{d}x$ 绝对收敛，则 $E[g(X)]$ 存在，且

$$E(Y)=E[g(X)]=\int_{-\infty}^{+\infty}g(x)f_X(x)\mathrm{d}x$$

**例 6.28** 设 $X$ 的概率分布为

| $X$ | 0 | 1 | 2 |
|---|---|---|---|
| $p$ | $\frac{1}{10}$ | $\frac{6}{10}$ | $\frac{3}{10}$ |

求 $E[X-E(X)]^2$.

**解** 先求 $E(X)$，易知

$$E(X)=0\times\frac{1}{10}+1\times\frac{6}{10}+2\times\frac{3}{10}=1.2$$

则

$$E[X-E(X)]^2=(0-1.2)^2\times\frac{1}{10}+(1-1.2)^2\times\frac{6}{10}+(2-1.2)^2\times\frac{3}{10}=0.36$$

## 四、方差

**定义 6.16** 设 $X$ 是一个随机变量，如果 $E[X-E(X)]^2$ 存在，则称 $E[X-E(X)]^2$ 为 $X$ 的方差，记作 $D(X)$，即 $D(X)=E[X-E(X)]^2$，称$\sqrt{D(X)}$为标准差或均方差.

方差的计算式：$D(X)=E(X^2)-[E(X)]^2$

**例 6.29** 对例 6.27 中的分布，求 $D(X)$.

**解** 由例 6.27 的结果可知 $E(X)=\frac{2}{3}$，而

$$E(X^2)=\int_{-\infty}^{+\infty}x^2f(x)\mathrm{d}x=\int_0^1 x^2\cdot(2x)\mathrm{d}x=\frac{1}{2}$$

所以

$$D(X)=E(X^2)-[E(X)]^2=\frac{1}{2}-\left(\frac{2}{3}\right)^2=\frac{1}{18}$$

## 五、数学期望和方差的性质

### 1. 数学期望的性质

(1) 设 $c$ 为任意一个常数，则 $E(c)=c$；

(2) 设 $X$ 为一随机变量，且 $E(X)$存在，$c$ 为常数，则有 $E(cX)=cE(X)$.

由(1)、(2)可得 $E(aX+b)=aE(X)+b$ ($a$，$b$ 为任意常数).

### 2. 方差的性质

(1) 设 $c$ 为常数，则 $D(c)=0$；

(2) 如果 $X$ 为随机变量，$c$ 为常数，则 $D(cX)=c^2D(X)$；

(3) 如果 $X$ 为随机变量，$c$ 为常数，则有 $D(X+c)=D(X)$.

由(2)、(3)可得 $D(aX+b)=a^2D(X)$（$a$，$b$ 为任意常数）.

## 习题 6.6

1. 掷一枚均匀的骰子，用 $X$ 表示出现的点数，求数学期望 $E(X)$.

2. 对某一目标进行 3 次射击，每次命中的概率为 0.4. 设 $X$ 为 3 次射击命中的次数，求 $X$ 的方差 $D(X)$.

3. 有一批种子的发芽率为 88%，播种时每空撒下 3 粒种子，求每空发芽数 $X$ 的期望 $E(X)$和方差 $D(X)$.

# 第7节 常见随机变量的分布

## 一、离散型随机变量的分布

### 1. 一点分布(退化分布)

一个随机变量 $X$ 以概率 1 取某一常数 $a$，即 $P\{X=a\}=1$，则称 $X$ 服从点 $a$ 处的一点分布(退化分布).

数学期望 $E(X)=a$，方差 $D(X)=0$.

### 2. 两点分布(伯努利分布)

若随机变量 $X$ 只有两个可能的取值 0 和 1，其概率分布为

| $X$ | 0 | 1 |
|---|---|---|
| $p$ | $p$ | $1-p$ |

或

$$P(X=x)=p^{1-x}(1-p)^{x},\ x=0,1$$

则称 $X$ 服从参数为 $p(p>0)$ 的两点分布(也称 0－1 分布).

数学期望 $E(X)=p$，方差 $D(X)=p(1-p)=pq(q=1-p)$.

### 3. 二项分布

设 $X$ 表示 $n$ 重伯努利试验中事件 $A$ 发生的次数，则 $X$ 所有可能的取值为 $0,1,\cdots,n$，且相应的概率为

$$P\{X=k\}=C_n^k p^k(1-p)^{n-k}=C_n^k p^k q^{n-k}(q=1-p),\ k=0,\ 1,\ \cdots,\ n$$

则称 $X$ 服从参数为 $n$、$p$ 的二项分布，记作 $X\sim B(n,\ p)$.

数学期望 $E(X)=np$，方差 $D(X)=npq(q=1-p)$.

### 4. 两点分布、二项分布的关系及应用

**例 6.30** 假设某篮球运动员投篮命中率为 0.8，$X$ 表示他投篮一次命中的次数，求 $X$ 的概率分布.

**解** 投篮一次只有“不中”和“命中”两个结果，命中次数 $X$ 只可能取 0、1 两个值，且概率分别为

$$P\{X=1\}=0.8,\ P\{X=0\}=1-P\{X=1\}=1-0.8=0.2$$

也可表示为

| X | 0 | 1 |
|---|---|---|
| p | 0.2 | 0.8 |

**例 6.31** 甲、乙两名棋手约定进行 10 盘比赛，以赢的盘数较多者为胜. 假设每盘棋甲赢的概率都为 0.6，乙赢的概率都为 0.4，且各盘比赛相互独立，问甲、乙获胜的概率各为多少？甲平均赢得的盘数是多少？

**解** 每一盘棋可看作一次伯努利试验. 设 $X$ 为甲赢的盘数，则 $X \sim B(10, 0.6)$，即

$$P(X=k)=C_{10}^{k}(0.6)^{k}(0.4)^{10-k}, \ k=0, 1, \cdots, 10$$

按约定，甲只要赢 6 盘或 6 盘以上即可获胜. 所以

$$P\{甲获胜\}=P\{X \geqslant 6\}=\sum_{k=6}^{10} C_{10}^{k}(0.6)^{k}(0.4)^{10-k}=0.6331$$

若乙获胜，则甲赢棋的盘数 $X \leqslant 4$，即

$$P\{乙获胜\}=P\{X \leqslant 4\}=\sum_{k=0}^{4} C_{10}^{k}(0.6)^{k}(0.4)^{10-k}=0.1662$$

事件“甲获胜”与“乙获胜”并不是互逆事件，因为两人还有输赢相当的可能. 容易算出：

$$P\{不分胜负\}=P\{X=5\}=C_{10}^{5}(0.6)^{5}(0.4)^{5}=0.2007$$

由于 $E(X)=np=10 \times 0.6=6$，则甲平均赢得的盘数为 6 盘.

**5. 泊松分布**

若一个随机变量 $X$ 的概率分布为

$$P\{X=k\}=\frac{\lambda^{k}}{k!}e^{-\lambda}, \ k=0, 1, 2, \cdots$$

其中 $\lambda>0$ 为参数，则称 $X$ 服从参数为 $\lambda$ 的泊松分布，记作 $X \sim p(\lambda)$.

数学期望 $E(X)=\lambda$，方差 $D(X)=\lambda$.

**6. 泊松分布的应用**

**例 6.32** 某商店根据过去的销售记录知道某种商品每月的销售量可以用 $\lambda=10$ 的泊松分布来描述. 为了以 95%以上的把握保证不脱销，问商店在月底应存有多少件该种商品？(假设只在月底进货)

**解** 设该商店每月的销售量为 $X$，据题意 $X \sim p(10)$. 设月底存货为 $a$ 件，则当 $X \leqslant a$ 时就不会脱销. 即求 $a$ 使得

$$P\{X \leqslant a\}=\sum_{k=0}^{a} \frac{10^{k}}{k!}e^{-10} \geqslant 0.95$$

查泊松分布表可得 $\sum_{k=0}^{14} \frac{10^{k}}{k!}e^{-10} \approx 0.9166<0.95$，$\sum_{k=0}^{15} \frac{10^{k}}{k!}e^{-10} \approx 0.9513>0.95$，于是这家商店只要在月底保证存货不少于 15 件就能以 95% 以上的把握保证下月该商品不会脱销.

## 二、连续型随机变量的分布

### 1. 均匀分布

一个随机变量 $X$，如果其密度函数为

$$f(x)=\begin{cases}\dfrac{1}{b-a}, & a<x<b\\ 0, & \text{其他}\end{cases}$$

则称 $X$ 服从 $(a, b)$ 上的均匀分布，记作 $X\sim U(a, b)$.

数学期望 $E(X)=\dfrac{a+b}{2}$，方差 $D(X)=\dfrac{(b-a)^2}{12}$.

**例 6.33** 某公共汽车站每隔 5 分钟有一辆车通过，可将车站上候车的乘客全部运走. 设乘客在两趟车之间的任何时刻到站都是等可能的，求乘客候车时间不超过 3 分钟的概率和乘客平均候车时间.

**解** 设乘客到达汽车站的时刻为 $X$，他到站前最后离去公共汽车到站时刻为 $t_0$，将要来到的下一辆车的到站时刻为 $t_0+5$. 据题意，$X$ 服从 $[t_0, t_0+5]$ 上的均匀分布，其密度函数为

$$f(x)=\begin{cases}\dfrac{1}{5}, & t_0\leqslant x\leqslant t_0+5\\ 0, & \text{其他}\end{cases}$$

乘客候车时间不超过 3 分钟的概率，即 $X$ 落在区间 $[t_0+2, t_0+5]$ 内的概率

$$P\{t_0+2\leqslant X\leqslant t_0+5\}=\int_{t_0+2}^{t_0+5}\frac{1}{5}\mathrm{d}x=\frac{3}{5}=0.6$$

乘客平均候车时间为

$$E(X)=\frac{0+5}{2}=2.5(\text{分钟})$$

### 2. 指数分布

一个随机变量 $X$，如果其密度函数为

$$f(x)=\begin{cases}\lambda \mathrm{e}^{-\lambda x}, & x>0\\ 0, & x\leqslant 0\end{cases}$$

其中 $\lambda>0$ 为参数，则称 $X$ 服从参数为 $\lambda$ 的指数分布，记作 $X\sim Exp(\lambda)$.

数学期望 $E(X)=\dfrac{1}{\lambda}$，方差 $D(X)=\dfrac{1}{\lambda^2}$.

**例 6.34** 假设某种热水器首次发生故障的时间 $X$（单位：小时）服从指数分布 $Exp(0.002)$，求：

(1) 该热水器在 100 小时内需要维修的概率；

(2) 该热水器平均能正常使用的时间.

**解** $X$ 的密度函数为 $f(x)=\begin{cases}0.002e^{-0.002x}, & x>0\\ 0, & x\leqslant 0\end{cases}$

(1) 100 小时内需要维修的概率

$$P(X\leqslant 100)=\int_{-\infty}^{100}f(x)\mathrm{d}x=\int_{0}^{100}0.002e^{-0.002x}\mathrm{d}x=1-e^{-0.2}=0.1813$$

(2)

$$\lambda=0.002,\ E(X)=\frac{1}{\lambda}=\frac{1}{0.002}=500(\text{小时})$$

该热水器平均能正常使用 500 小时.

**3. 正态分布**

一个连续型随机变量 $X$，如果其密度函数为

$$f(x)=\frac{1}{\sqrt{2\pi}\sigma}e^{-\frac{(x-\mu)^2}{2\sigma^2}}\quad(-\infty<x<+\infty)$$

其中 $\mu$，$\sigma$ 为常数，$-\infty<\mu<+\infty$，$\sigma>0$，则称 $X$ 服从参数为 $\mu$ 和 $\sigma^2$ 的正态分布，记作 $X\sim N(\mu,\sigma^2)$.

数学期望 $E(X)=\mu$，方差 $D(X)=\sigma^2$.

(1) 标准正态分布：

当 $\mu=0$，$\sigma=1$ 时的正态分布称为标准正态分布，记作 $N(0,1)$.

(2) 标准正态分布与一般正态分布的关系：

一般正态分布可以通过线性变换 $Z=\dfrac{X-\mu}{\sigma}$ 转化为标准正态分布.

(3) 标准正态分布与一般正态分布的关系应用：

一般正态分布通过线性变换 $Z=\dfrac{X-\mu}{\sigma}$ 转化为标准正态分布后，利用标准正态分布表求相应的概率，即

$$P\{a<X\leqslant b\}=F(b)-F(a)=\Phi\left(\frac{b-\mu}{\sigma}\right)-\Phi\left(\frac{a-\mu}{\sigma}\right)$$

**例 6.35** 设 $X\sim N(0,1)$，求 $P\{X\leqslant 2.35\}$ 和 $P\{|X|<1.54\}$.

**解** 查表可得

$$P\{X\leqslant 2.35\}=\Phi(2.35)=0.9906$$

$$\begin{aligned}P\{|X|<1.54\}&=P\{-1.54<X<1.54\}=\Phi(1.54)-\Phi(-1.54)\\&=\Phi(1.54)-[1-\Phi(1.54)]\\&=2\Phi(1.54)-1=2\times 0.9382-1=0.8764\end{aligned}$$

**例 6.36** 设随机变量 $X\sim N(10,2^2)$，求 $P\{8<X<14\}$.

**解** 易知 $\mu=10$，$\sigma=2$，则

$$P\{8<X<14\}=F(14)-F(8)=\Phi\left(\frac{14-10}{2}\right)-\Phi\left(\frac{8-10}{2}\right)$$
$$=\Phi(2)-\Phi(-1)$$
$$=0.9773-(1-0.8413)$$
$$=0.8186$$

正态随机变量 $X$ 的取值位于均值 $\mu$ 附近的密集程度可用标准差 $\sigma$ 为单位来度量，而且 $X$ 的取值几乎全部落在区间 $(\mu-3\sigma, \mu+3\sigma)$ 之内，所以有时称 $3\sigma$ 为极限误差.

## 习题 6.7

1. 判断函数

$$f(x)=\begin{cases} e^{-(x-a)}, & x>a \\ 0, & \text{其他} \end{cases}$$

是否为分布密度函数.

2. 已知某生产线平均每 3 分钟生产一件产品，且不合格品率为 0.01，求 8 小时内出现不合格品件数 $X$ 的概率分布.

3. 对于泊松分布，验证 $\sum\limits_{k=0}^{\infty}\frac{\lambda^k}{k!}e^{-\lambda}=1(\lambda>0)$.

# 第 7 章

# 数 理 统 计

# 第1节 样本及抽样分布

## 一、样本

### 1. 总体与样本

在数理统计中，将研究对象的全体称为总体(或母体)；组成总体的每个元素称为个体.

从总体中抽取的一部分个体，称为总体的一个样本；样本中个体的个数称为样本的容量.

从分布函数为$F(x)$的随机变量$X$中随机地抽取的相互独立的$n$个随机变量，具有与总体相同的分布，则$X_1$，$X_2$，…，$X_n$称为从总体$X$得到的容量为$n$的随机样本. 一次具体的抽取记录$x_1$，$x_2$，…，$x_n$是随机变量$X_1$，$X_2$，…，$X_n$的一个观察值，也用来表示这些随机变量.

例如，研究某城市人口年龄的构成时，可以把该城市所有居民的年龄看作一个整体. 若该城市有1000万人口，那么该总体就是由1000万个表示年龄的数字构成的，而每一个人的年龄即是一个个体.

总体中所含的个体数不一定是个定值，它可以是很小的有限值，也可以是很大的值，甚至是无限值.

例如，研究棉花的纤维长度时，每根棉花的纤维长度就是一个个体，若研究对象为一个棉包，则总体中所包含的个体数目可视为无穷大. 而如果测量一个班100名学生的体重，则总体中所包含的个体数目只有有限多个.

如果从总体$X$中抽取$n$个个体$X_1$，$X_2$，…，$X_n$组成一个样本，则记为$(X_1, X_2, \cdots, X_n)$，其中$X_i(i=1, 2, \cdots, n)$表示第$i$次从总体$X$中取得的个体. 很明显，每个$X_i(i=1, 2, \cdots, n)$都是随机变量. 所以，称$(X_1, X_2, \cdots, X_n)$为随机样本. 对样本$(X_1, X_2, \cdots, X_n)$的每一次观察所得到的$n$个数$(x_1, x_2, \cdots, x_n)$，称为样本观察值(或样本值).

为了研究方便，常常假定样本满足以下两个性质：

(1) 独立性：$X_1$，$X_2$，…，$X_n$是$n$个相互独立的随机变量.

(2) 代表性：每个$X_i(i=1, 2, \cdots, n)$与总体$X$有相同的分布.

具有上述两个性质的随机样本$(X_1, X_2, \cdots, X_n)$称为简单随机样本. 以后讨论的样本都指简单随机样本.

### 2. 样本的联合分布

对于简单随机样本$(X_1, X_2, \cdots, X_n)$，其联合概率分布可以由总体$X$的分布完全确定. 若总体 $X$ 的分布函数为 $F(x)$，则样本 $(X_1, X_2, \cdots, X_n)$ 的联合分布函数为

$$F^*(x_1, x_2, \cdots, x_n) = \prod_{i=1}^{n} F(x_i)$$

又若 $X$ 具有概率密度 $f(x)$，则 $(X_1, X_2, \cdots, X_n)$ 的联合概率密度为

$$f^*(x_1, x_2, \cdots, x_n) = \prod_{i=1}^{n} f(x_i)$$

若 $X$ 的分布律为 $P\{X=x_i\}=p_i$，$i=1, 2, \cdots$，则 $(X_1, X_2, \cdots, X_n)$ 的联合分布律为

$$P\{X_1 = x_{i_1}, X_2 = x_{i_2}, \cdots, X_n = x_{i_n}\} = \prod_{j=1}^{n} p_{i_j}, \ i_j = 1, 2, \cdots (j = 1, 2, \cdots, n)$$

**例 7.1** 设总体 $X \sim B(1, p)$，$(X_1, X_2, \cdots, X_n)$ 为取自总体 $X$ 的样本，求样本 $(X_1, X_2, \cdots, X_n)$ 的联合分布律(称为样本分布律).

**解** $X$ 的分布律为 $P\{X=x\}=p^x(1-p)^{1-x}$，$x=0, 1$，所以样本 $(X_1, X_2, \cdots, X_n)$ 的联合分布律为

$$\begin{aligned} P\{X_1 = x_1, X_2 = x_2, \cdots, X_n = x_n\} &= \prod_{i=1}^{n} p^{x_i}(1-p)^{1-x_i} \\ &= p^{\sum\limits_{i=1}^{n} x_i}(1-p)^{n-\sum\limits_{i=1}^{n} x_i}, \ x_i = 0, 1 (i = 1, 2, \cdots, n) \end{aligned}$$

**例 7.2** 设总体 $X \sim N(\mu, \sigma^2)$，$(X_1, X_2, \cdots, X_n)$ 是来自 $X$ 的样本，求样本的联合概率密度.

**解** 因为 $f(x)=\dfrac{1}{\sqrt{2\pi}\sigma}e^{-\frac{(x-\mu)^2}{2\sigma^2}}$，所以

$$\begin{aligned} f^*(x_1, x_2, \cdots, x_n) &= \prod_{i=1}^{n} f(x_i) = \prod_{i=1}^{n} \frac{1}{\sqrt{2\pi}\sigma} e^{-\frac{(x_i-\mu)^2}{2\sigma^2}} \\ &= \frac{1}{(2\pi)^{\frac{n}{2}}\sigma^n} e^{-\frac{1}{2\sigma^2}\sum\limits_{i=1}^{n}(x_i-\mu)^2} \end{aligned}$$

## 二、统计量

从统计学的观点来看，总体的分布一般是未知的. 有时总体的分布类型已知，但其中包含着未知参数，如总体 $X \sim N(\mu, \sigma^2)$ 中 $\mu$，$\sigma^2$ 未知. 统计学的方法是进行抽样得到样本，利用样本提供的信息对总体中的未知参数进行推断，这就是统计推断. 然而，我们实际上观察得到的是样本值，即一批数据，我们对这批数据进行处理，最常用的方法就是构造一个样本函数，这种样本函数称为统计量.

**定义 7.1** 设 $(X_1, X_2, \cdots, X_n)$ 为来自总体 $X$ 的样本，$g(X_1, X_2, \cdots, X_n)$ 是 $(X_1, X_2, \cdots, X_n)$ 的函数，若 $g$ 中不含任何未知参数，则称 $g(X_1, X_2, \cdots, X_n)$ 为统计量，称

统计量的概率分布为抽样分布.

设$(x_1, x_2, \cdots, x_n)$是相应于样本$(X_1, X_2, \cdots, X_n)$的样本值，则称$g(x_1, x_2, \cdots, x_n)$是$g(X_1, X_2, \cdots, X_n)$的观察值.

下面给出数理统计中常用的统计量.

样本平均值：

$$\overline{X}=\frac{1}{n}\sum_{i=1}^{n}X_i$$

样本方差：

$$S^2=\frac{1}{n-1}\sum_{i=1}^{n}(X_i-\overline{X})^2=\frac{1}{n-1}\left(\sum_{i=1}^{n}X_i^2-n\overline{X}^2\right)$$

样本标准差：

$$S=\sqrt{S^2}=\sqrt{\frac{1}{n-1}\sum_{i=1}^{n}(X_i-\overline{X})^2}$$

样本$k$阶(原点)矩：

$$A_k=\frac{1}{n}\sum_{i=1}^{n}X_i^k,\ k=1,\ 2,\ \cdots$$

样本$k$阶中心矩：

$$B_k=\frac{1}{n}\sum_{i=1}^{n}(X_i-\overline{X})^k,\ k=1,\ 2,\ \cdots$$

以上统计量的观察值分别为

$$\bar{x}=\frac{1}{n}\sum_{i=1}^{n}x_i$$

$$s^2=\frac{1}{n-1}\sum_{i=1}^{n}(x_i-\bar{x})^2=\frac{1}{n-1}\left(\sum_{i=1}^{n}x_i^2-n\bar{x}^2\right)$$

$$s=\sqrt{s^2}=\sqrt{\frac{1}{n-1}\sum_{i=1}^{n}(x_i-\bar{x})^2}$$

$$a_k=\frac{1}{n}\sum_{i=1}^{n}x_i^k,\ k=1,\ 2,\ \cdots$$

$$b_k=\frac{1}{n}\sum_{i=1}^{n}(x_i-\bar{x})^k,\ k=1,\ 2,\ \cdots$$

**定理 7.1** 设总体$X\sim N(\mu, \sigma^2)$，$(X_1, X_2, \cdots, X_n)$为来自总体$X$的样本，则

(1) 样本均值$\overline{X}\sim N(\mu, \sigma^2/n)$，即$E(\overline{X})=\mu$，$D(\overline{X})=\frac{\sigma^2}{n}$；

(2) $E(S^2)=\sigma^2$.

## 三、抽样分布

以下主要介绍来自正态总体的几个常用统计量分布，分别是$\chi$分布、$t$分布和$F$分布.

**1. $\chi^2$ 分布**

**定义 7.2** 设随机变量 $X_1, X_2, \cdots, X_n$ 相互独立，且均服从标准正态分布 $N(0, 1)$，则

$$\chi^2 = X_1^2 + X_2^2 + \cdots + X_n^2 = \sum_{i=1}^{n} X_i^2$$

的分布称为自由度为 $n$ 的 $\chi^2$ 分布，记为 $\chi^2 \sim \chi^2(n)$.

$\chi^2$ 分布的性质如下：

(1) 若 $X \sim \chi^2(n), Y \sim \chi^2(m)$，且 $X$ 与 $Y$ 独立，则 $X+Y \sim \chi^2(m+n)$；

(2) 若 $X \sim \chi^2(n)$，则 $E(X)=n, D(X)=2n$.

**2. $t$ 分布**

**定义 7.2** 设随机变量 $X$、$Y$ 相互独立，且 $X \sim N(0, 1)$，$Y \sim \chi^2(n)$，则称随机变量 $T=\dfrac{X}{\sqrt{Y/n}}$ 服从自由度为 $n$ 的 $t$ 分布(又称学生氏分布)，记作 $T \sim t(n)$.

$t$ 分布的概率密度函数为

$$f(x) = \frac{\Gamma\left(\frac{n+1}{2}\right)}{\sqrt{n\pi}\,\Gamma\left(\frac{n}{2}\right)}\left(1+\frac{x^2}{n}\right)^{-\frac{n+1}{2}}, -\infty < x < +\infty$$

$f(x)$ 的图形关于 $y$ 轴对称，且随自由度 $n$ 的变化而有所不同. $n$ 比较大时(一般 $n>30$ 时)，$t$ 分布与标准正态分布近似.

$t$ 分布的性质如下：

(1) 数字特征：设 $T \sim t(n)$，则 $E[T(n)]=0$，$D[T(n)]=\dfrac{n}{n-1}$ $(n>2)$；

(2) 极限特征：$\lim\limits_{n\to\infty} f(x) = \dfrac{1}{\sqrt{2\pi}} e^{-\frac{x^2}{2}}$.

**3. $F$ 分布**

**定义 7.4** 设随机变量 $X$、$Y$ 相互独立，且 $X \sim \chi^2(m)$，$Y \sim \chi^2(n)$，则称随机变量 $F=\dfrac{X/m}{Y/n}$ 服从自由度为 $(m, n)$ 的 $F$ 分布，记作 $F \sim F(m, n)$.

$F$ 分布的概率密度函数为

$$f(x) = \begin{cases} \dfrac{\Gamma\left(\frac{n+m}{2}\right)}{\Gamma\left(\frac{m}{2}\right)\cdot\Gamma\left(\frac{n}{2}\right)}\left(\dfrac{m}{n}\right)\left(\dfrac{m}{n}x\right)^{\frac{m}{2}-1}\left(1+\dfrac{m}{n}x\right)^{-\frac{m+n}{2}}, & x > 0 \\ 0, & x \leqslant 0 \end{cases}$$

对于给定的 $\alpha(0 \leqslant \alpha \leqslant 1)$，称满足等式

$$P\{F(m,n)>F_\alpha(m,n)\}=\int_{F_\alpha(m,n)}^{+\infty}f(x)\mathrm{d}x=\alpha$$

的点 $F_\alpha(m,n)$ 为 $F$ 分布的 $\alpha$ 分位点.

$F$ 分布的性质如下：

(1) 设 $F\sim F(m,n)$，则 $\frac{1}{F}\sim F(n,m)$；

(2) 设 $F_\alpha(m,n)$ 是自由度为 $(m,n)$ 的 $F$ 分布的 $\alpha$ 分位点，则 $F_{1-\alpha}(m,n)=\frac{1}{F_\alpha(n,m)}$.

**例 7.3** 设总体 $X\sim N(60,15^2)$，从总体 $X$ 中抽取一个容量为 100 的样本，求样本均值与总体均值之差的绝对值大于 3 的概率.

**解** 设 $(X_1,X_2,\cdots,X_{100})$ 是来自总体 $X$ 的一个样本，则样本均值

$$\overline{X}=\frac{1}{100}\sum_{i=1}^{100}X_i\sim N\left(60,\frac{15^2}{100}\right),\ \frac{\overline{X}-60}{1.5}\sim N(0,1)$$

因此

$$P\{|\overline{X}-60|>3\}=P\left\{\frac{|\overline{X}-60|}{1.5}>\frac{3}{1.5}\right\}=1-P\left\{\frac{|\overline{X}-60|}{1.5}\leqslant 2\right\}$$
$$=2-2\Phi(2)=0.0455$$

## 习题 7.1

1. 在工厂车间加工零件时，5 位工人师傅制作的零件个数如表 7.1 所示，求数据组的样本均值.

**表 7.1 5 位工人师傅制作的零件个数**

| 工人师傅编号 | 1 | 2 | 3 | 4 | 5 |
|---|---|---|---|---|---|
| 零件个数 | 106 | 110 | 84 | 99 | 101 |

2. 在总体 $N(52,6.3^2)$ 中随机抽取一容量为 36 的样本，求样本均值 $\overline{X}$ 落在 50.8～53.8 之间的概率.

3. 设 $(X_1,X_2,X_3,\cdots,X_n)$ 是来自具有 $\chi^2(n)$ 分布的总体的样本，求样本均值 $\overline{X}$ 的数学期望 $E(\overline{X})$ 和方差 $D(\overline{X})$.

# 第2节 参数的点估计

## 一、点估计的概念

**定义 7.5** 设总体 $X$ 的分布函数为 $F(x, \theta)$，$\theta$ 是未知参数，$(X_1, X_2, \cdots, X_n)$ 是 $X$ 的一个样本，样本值为 $(x_1, x_2, \cdots, x_n)$. 构造一个统计量 $\hat{\theta}=\hat{\theta}(X_1, X_2, \cdots, X_n)$，用它的观察值 $\hat{\theta}(x_1, x_2, \cdots, x_n)$ 作为 $\theta$ 的估计值. 我们称随机变量 $\hat{\theta}(X_1, X_2, \cdots, X_n)$ 为 $\theta$ 的点估计量，称 $\hat{\theta}(x_1, x_2, \cdots, x_n)$ 为 $\theta$ 的点估计值.

当总体分布中含有多个未知参数 $\theta_1, \theta_2, \cdots, \theta_k$ 时，需要构造 $k$ 个估计量 $\hat{\theta}_1, \hat{\theta}_2, \cdots, \hat{\theta}_k$，其中 $\hat{\theta}_i=\hat{\theta}_i(x_1, x_2, \cdots, x_n)$，$i=1, 2, \cdots, k$，满足 $\theta_i=\hat{\theta}_i=\hat{\theta}_i(x_1, x_2, \cdots, x_n)$，$i=1, 2, \cdots, k$.

下面介绍两种常用的构造估计量的方法：矩估计法和最大似然估计法.

## 二、矩估计法

矩估计法的思想是用样本矩作为总体矩的估计. 当总体 $X$ 的分布类型已知，但含有未知参数时，可以用矩估计法获得未知参数的估计.

设 $X$ 的分布函数为 $F(x, \theta)$，$\theta=\theta_1, \theta_2, \cdots, \theta_k$ 为待估参数，并设总体 $X$ 的前 $k$ 阶矩存在，且它们均是 $\theta_1, \theta_2, \cdots, \theta_k$ 的函数，则求待估参数 $\theta_i(i=1, 2, \cdots, k)$ 的矩估计的步骤如下：

(1) 求出总体 $X$ 的前 $k$ 阶矩：

$$E(X^l)=\mu_l(\theta_1, \theta_2, \cdots, \theta_k),\ l=1, 2, \cdots, k$$

(2) 令 $\mu_l(\theta_1, \theta_2, \cdots, \theta_k)=A_l$，$l=1, 2, \cdots, k$，可从中解出 $\theta_1, \theta_2, \cdots, \theta_k$.

(3) 用 $\hat{\theta}_1, \hat{\theta}_2, \cdots, \hat{\theta}_k$ 分别作出 $\theta_1, \theta_2, \cdots, \theta_k$ 的估计量. 需要估计未知参数的函数 $g(\theta_1, \theta_2, \cdots, \theta_k)$ 时，就以 $g(\hat{\theta}_1, \hat{\theta}_2, \cdots, \hat{\theta}_k)$ 作为 $g(\theta_1, \theta_2, \cdots, \theta_k)$ 的矩估计.

**例 7.4** 设总体 $X$ 的二阶矩存在且未知，$(X_1, X_2, \cdots, X_n)$ 为来自总体的样本，求 $\mu=E(X)$ 和 $\sigma^2=D(X)$ 的估计量.

**解** 由于 $\mu_1=\mu=E(X)$，$\mu_2=E(X^2)=\mu^2+\sigma^2$，令

$$\begin{cases}\mu=\overline{X}\\ \mu^2+\sigma^2=\dfrac{1}{n}\sum\limits_{i=1}^{n}X_i^2\end{cases}$$

因此，解此方程组得 $\mu$、$\sigma^2$ 的矩估计量分别为

$$\hat{\mu}=\overline{X}, \hat{\sigma}^2=\frac{1}{n}\sum_{i=1}^{n}(X_i-\overline{X})^2$$

若总体 $X\sim N(\mu, \sigma^2)$，$\mu$ 和 $\sigma^2$ 均未知，则 $\mu$、$\sigma^2$ 的矩估计量分别为

$$\hat{\mu}=\overline{X}, \hat{\sigma}^2=\frac{1}{n}\sum_{i=1}^{n}(X_i-\overline{X})^2$$

**例 7.5** 设某种产品的寿命 $T$ 服从指数分布，其概率密度为

$$f(x, \lambda)=\begin{cases}\lambda e^{-\lambda x}, & x>0\\ 0, & x\leqslant 0\end{cases}$$

其中 $\lambda$ 为未知参数. 现抽得 $n$ 个这种产品，测得其寿命数据为 $T_1, T_2, \cdots, T_n$. 求参数 $\lambda$ 及产品可靠度 $P\{T>t\}=e^{-\lambda x}$ 的矩估计量.

**解** 由于 $E(X)=\frac{1}{\lambda}$，记 $\overline{T}=\frac{1}{n}\sum_{i=1}^{n}T_i$. 令 $\frac{1}{\lambda}=\overline{T}$，于是得 $\lambda$ 的矩估计量为 $\hat{\lambda}=\frac{1}{\overline{T}}$，$P\{T>t\}=e^{-\lambda t}$ 的矩估计量为

$$\hat{P}\{T>t\}=e^{-\frac{t}{\overline{T}}}$$

**例 7.6** 设总体 $X$ 的分布密度函数为

$$f(x)=\begin{cases}(a+1)\cdot x^a, & 0<x<1, a>-1\\ 0, & \text{其他}\end{cases}$$

其中 $a$ 未知，样本为$(X_1, X_2, \cdots, X_n)$，求参数 $a$ 的矩估计量.

**解** $$E(X)=\int_{-\infty}^{+\infty}x\cdot f(x)\mathrm{d}x=\int_0^1 x(a+1)\cdot x^a\mathrm{d}x=\frac{a+1}{a+2}$$

令 $\overline{X}=\frac{a+1}{a+2}$，得

$$\hat{a}=\frac{1-2\overline{X}}{\overline{X}-1}$$

## 三、最大似然估计法

**定义 7.6** 设总体 $X$ 具有概率密度函数 $f(x;\theta)$或分布律函数 $p(x;\theta)$，$\theta=\theta_1, \theta_2, \cdots, \theta_m$ 为待估参数，样本$(X_1, X_2, \cdots, X_n)$的联合概率密度(或联合分布律函数)

$$L(x_1, x_2, \cdots, x_n;\theta)=\prod_{i=1}^{n}f(x_i;\theta)\ \left(\text{或}\prod_{i=1}^{n}p(x_i;\theta)\right)$$

称为似然函数. 假定在 $x_1, x_2, \cdots, x_n$ 给定的条件下，存在 $m$ 维统计量

$$\hat{\theta}(X_1, X_2, \cdots, X_n)=(\hat{\theta}_1(X_1, X_2, \cdots, X_n), \cdots, \hat{\theta}_m(X_1, X_2, \cdots, X_n))$$

使得

$$L(x_1, x_2, \cdots, x_n;\hat{\theta})=\max L(x_1, x_2, \cdots, x_n;\theta)$$

则称 $\hat{\theta}$ 是$\theta$ 的最大似然估计量.

如果对数似然函数关于 $\theta$ 可微，则使似然函数达到最大的 $\hat{\theta}$ 一定满足下列正则方程组：

$$\frac{\partial}{\partial\theta_i}L(x_1, x_2, \cdots, x_n; \theta)\Big|_{\hat{\theta}_i=\theta_i}=0, i=1, 2, \cdots, m$$

求最大似然估计量(估计值)的步骤如下：

(1) 写出似然函数 $L(\theta)$.

(2) 取自然对数 $\ln L(\theta)$.

(3) 解方程 $\frac{\partial \ln L(\theta)}{\partial\theta}=0$，得到的 $\hat{\theta}$ 就是参数 $\theta$ 的最大似然估计值，相应的估计量就是最大似然估计量.

若方程没有解，则无法使用上述方法，这时应利用定义求之.

**例 7.7** 设总体 $X$ 的泊松分布为 $p(\lambda)$，其中 $\lambda$ 是未知参数，$(X_1, X_2, \cdots, X_n)$为来自总体 $X$ 的样本，求参数 $\lambda$ 的最大似然估计值.

**解** 已知总体 $X$ 的分布为

$$P\{X=x\}=\frac{\lambda^x}{x!}e^{-\lambda} \quad (x=0, 1, 2, \cdots)$$

得样本 $X_i$ 的分布

$$P\{X_i=x_i\}=\frac{\lambda^{x_i}}{x_i!}e^{-\lambda} \quad (x_i=0, 1, 2, \cdots; i=1, 2, \cdots, n)$$

似然函数为

$$L(\lambda)=\prod_{i=1}^{n}P\{X_i=x_i\}=\prod_{i=1}^{n}\frac{\lambda^{x_i}}{x_i!}e^{-\lambda}=\frac{1}{\prod\limits_{i=1}^{n}x_i!}\lambda^{\sum\limits_{i=1}^{n}x_i}\cdot e^{-n\lambda}$$

为计算方便，两边取对数得

$$\ln L(\lambda)=\left(\sum_{i=1}^{n}x_i\right)\ln\lambda-n\lambda-\ln\prod_{i=1}^{n}x_i!$$

令

$$\frac{d\ln L(\lambda)}{d\lambda}=\frac{1}{\lambda}\sum_{i=1}^{n}x_i-n=0$$

解得

$$\hat{\lambda}=\frac{1}{n}\sum_{i=1}^{n}x_i=\bar{x}$$

即泊松分布中参数 $\lambda$ 的最大似然估计值为 $\bar{x}$.

**例 7.8** 设$(x_1, x_2, \cdots, x_n)$为来自正态总体 $N(\mu, \sigma^2)$的观察值，试求总体中未知参数 $\mu$，$\sigma^2$ 的最大似然估计值.

**解** 因正态总体为连续型，其密度函数为

$$f(x)=\frac{1}{\sqrt{2\pi}\sigma}e^{-\frac{(x-\mu)^2}{2\sigma^2}}$$

所以似然函数为

$$L(\mu,\sigma^2)=\prod_{i=1}^{n}\frac{1}{\sqrt{2\pi}\sigma}\exp\left\{-\frac{(x_i-\mu)^2}{2\sigma^2}\right\}=\left(\frac{1}{\sqrt{2\pi}\sigma}\right)^n\exp\left\{-\frac{1}{2\sigma^2}\sum_{i=1}^{n}(x_i-\mu)^2\right\}$$

$$\ln L(\mu,\sigma^2)=-\frac{n}{2}\ln 2\pi-\frac{n}{2}\ln\sigma^2-\frac{1}{2\sigma^2}\sum_{i=1}^{n}(x_i-\mu)^2$$

故似然方程为

$$\begin{cases}\dfrac{\partial\ln L(\mu,\sigma^2)}{\partial\mu}=\dfrac{1}{\sigma^2}\sum\limits_{i=1}^{n}(x_i-\mu)=0\\ \dfrac{\partial\ln L(\mu,\sigma^2)}{\partial\sigma^2}=-\dfrac{n}{2\sigma^2}+\dfrac{1}{2\sigma^4}\sum\limits_{i=1}^{n}(x_i-\mu)^2\end{cases}$$

解以上方程组得

$$\begin{cases}\mu=\dfrac{1}{n}\sum\limits_{i=1}^{n}x_i=\bar{x}\\ \sigma^2=\dfrac{1}{n}\sum\limits_{i=1}^{n}(x_i-\mu)^2=\dfrac{1}{n}\sum\limits_{i=1}^{n}(x_i-\bar{x})^2\end{cases}$$

所以

$$\begin{cases}\hat{\mu}=\bar{x}\\ \hat{\sigma}^2=\dfrac{1}{n}\sum\limits_{i=1}^{n}(x_i-\bar{x})^2\end{cases}$$

## 四、估计量的评选标准

同一个参数的估计量(不同方法)常不止一个. 例如，通过样本$(X_1, X_2, \cdots, X_n)$去估计总体的均值$\mu$，可以用$\overline{X}$，也可以用样本的中位数$M_d$，甚至用任一个$X_i$. 但采用哪一个估计量为好呢? 下面介绍3种常用的估计量评选标准：无偏性、有效性及相合性.

### 1. 无偏性

**定义 7.7** 若$\theta$是未知参数，$\hat{\theta}$是$\theta$的估计量，且$E(\hat{\theta})=\theta$，则称$\hat{\theta}$为$\theta$的无偏估计量.

例如，$\hat{\theta}_1$和$\hat{\theta}_2$是$\theta$的两个估计量，都是样本$(X_1, X_2, \cdots, X_n)$的函数. 若$\hat{\theta}_1$和$\hat{\theta}_2$的分布密度曲线分别为$f_1(x)$、$f_2(x)$，如图7.1所示，则从图中看到，$\hat{\theta}_1$的取值分布在$\theta$的两侧且$E(\hat{\theta}_1)=\theta$，这时$\hat{\theta}_1$是$\theta$的无偏估计量. 这说明无偏估计量$\hat{\theta}_1$作为$\theta$的估计量虽然在具体使用中可能有偏差，但平均说来偏差为0(没有系统偏差).

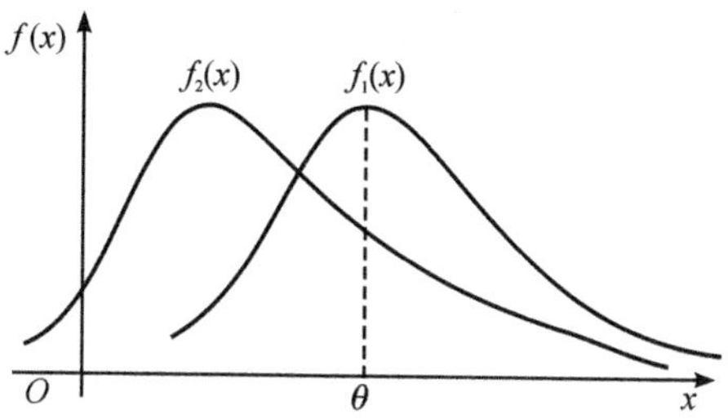


图 7.1

**例 7.9** 证明 $\overline{X}$、$M_{\mathrm{d}}$、$X_i$ 都是总体 $X$ 的均值 $\mu$ 的无偏估计量.

**证明** 因为

$$E(X)=\mu,\ E(X_i)=\mu$$

$$E(\overline{X})=E\left(\frac{1}{n}\sum_{i=1}^{n}X_i\right)=\mu$$

$$E(M_{\mathrm{d}})=\begin{cases}E(X_k+X_{k+1})/2=\mu, & n=2k\\ E(X_{k+1})=\mu, & n=2k+1\end{cases}$$

所以 $\overline{X}$、$M_{\mathrm{d}}$、$X_i$ 都是 $\mu$ 的无偏估计量.

**2. 有效性**

**定义 7.8** 设 $\hat{\theta}_1$ 和 $\hat{\theta}_2$ 都是参数 $\theta$ 的无偏估计量，若有 $D(\hat{\theta}_1)<D(\hat{\theta}_2)$，则称 $\hat{\theta}_1$ 比 $\hat{\theta}_2$ 有效.

如图 7.2 所示，对估计同一参数 $\theta$ 的两个无偏估计量 $\hat{\theta}_1$ 和 $\hat{\theta}_2$ 密度分别为 $f_1(x)$和 $f_2(x)$，方差小者为优，方差越小效率越高. 由图 7.2 可见 $\hat{\theta}_1$ 比 $\hat{\theta}_2$ 有效.

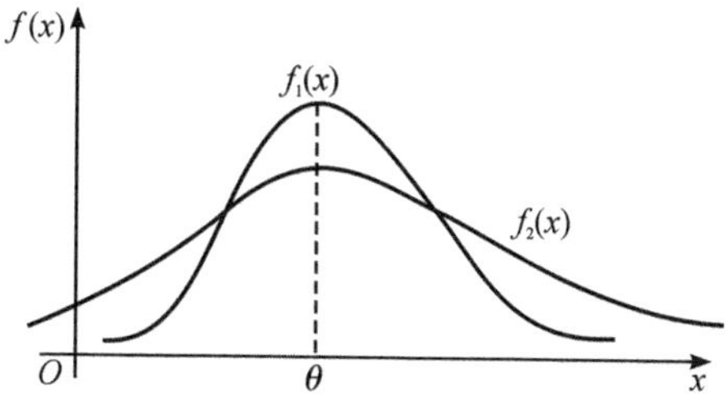


图 7.2

例 7.9 中，$\overline{X}$ 和 $X_i$ 都是 $\mu$ 的无偏估计量，但 $D(\overline{X})=\frac{\sigma^2}{n}$，$D(X_i)=\sigma^2$. 当 $n\geqslant 2$ 时，$D(\overline{X})<D(X_i)$，即作为 $\mu$ 的无偏估计量，$\overline{X}$ 比 $X_i$ 有效.

**3. 相合性**

**定义 7.9** 设 $\hat{\theta}_n$ 是 $\theta$ 的一个估计量，若对任给的 $\varepsilon>0$，有 $\lim\limits_{n\to\infty}P\{|\hat{\theta}_n-\theta|<\varepsilon\}=1$，则称 $\hat{\theta}_n$ 是 $\theta$ 的相合估计量.

定义 7.9 的直观含义是：只要样本容量充分大，作为一个好的估计量，它的估计值应以最大的可能性接近于所估参数的真值.

## 习题 7.2

1. 随机地取 8 只活塞环，测得一组直径数据如下(单位为 mm)：

74.001，74.005，74.003，74.001，74.000，73.998，74.006，74.002

求总体均值 $\mu$、方差 $\sigma^2$ 的矩估计值和样本方差 $s^2$.

2. 设总体 $X$ 服从均匀分布，它的密度函数为

$$f(x;\theta)=\begin{cases}\dfrac{1}{\theta}, & 0\leqslant x\leqslant\theta\\ 0, & \text{其他}\end{cases}$$

(1) 求未知参数 $\theta$ 的矩估计量；

(2) 若样本观察值为 0.3，0.8，0.27，0.35，0.62，0.55，求 $\theta$ 的矩估计值.

# 第3节 参数的区间估计

## 一、区间估计的概念

若$\theta$是一个要估计的参数，$(X_1, X_2, \cdots, X_n)$是一个样本，则要做$\theta$的区间估计，就是设法找到两个统计量$\hat{\theta}_1$和$\hat{\theta}_2$，并且对任一组样本观察值$(x_1, x_2, \cdots, x_n)$，都有$\hat{\theta}_1<\hat{\theta}_2$，区间$(\hat{\theta}_1, \hat{\theta}_2)$以一定的概率包含未知参数$\theta$.

评价一个区间估计量$(\hat{\theta}_1, \hat{\theta}_2)$的好坏主要有两个要素：一是“精度”，可以用区间长度$\hat{\theta}_2-\hat{\theta}_1$来衡量，长度越大，精度越低；二是“信度”，即用$(\hat{\theta}_1, \hat{\theta}_2)$这个区间来估计$\theta$有多大的可靠性，可以用$P\{\hat{\theta}_1<\theta<\hat{\theta}_2\}$的大小来衡量，这个概率也称为区间估计的“置信度”.

精度和信度是一对矛盾关系，在其他条件不变的情况下，当一个增大时，另一个将会减小. 在实际应用中，我们要根据所研究问题的要求来确定信度和精度(一般信度优先).

**定义 7.10** 对于事先给定的$\alpha(0<\alpha<1)$，要求区间$(\hat{\theta}_1, \hat{\theta}_2)$包含未知参数$\theta$的概率应不低于某个数$1-\alpha$(一般接近于1，即$\alpha$较小)，即

$$P\{\hat{\theta}_1<\theta<\hat{\theta}_2\}\geqslant 1-\alpha$$

若一个区间估计$(\hat{\theta}_1, \hat{\theta}_2)$满足上式，则称$(\hat{\theta}_1, \hat{\theta}_2)$是$\theta$的信度为$1-\alpha$的置信区间，$\alpha$称为置信水平，$\hat{\theta}_1$称为置信下限，$\hat{\theta}_2$称为置信上限.

下面讨论某些参数区间估计的具体求法.

## 二、正态总体均值的区间估计

### 1. 方差已知时，均值的区间估计

设总体$X$是正态分布，$X\sim N(\mu, \sigma^2)$，且$\sigma^2$已知，若$(X_1, X_2, \cdots, X_n)$是来自正态总体$X\sim N(\mu, \sigma^2)$的简单随机样本，则一定有

$$Z=\frac{\overline{X}-\mu}{\sigma/\sqrt{n}}\sim N(0, 1)$$

对于给定的一个置信水平$\alpha$，由标准正态分布表可以查得$Z_{\alpha/2}$(称为临界值)使得

$$P\left\{-Z_{\alpha/2}<\frac{\overline{X}-\mu}{\sigma/\sqrt{n}}<Z_{\alpha/2}\right\}=1-\alpha$$

则有

$$P\left\{\overline{X}-\frac{\sigma}{\sqrt{n}}Z_{\alpha/2}<\mu<\overline{X}+\frac{\sigma}{\sqrt{n}}Z_{\alpha/2}\right\}=1-\alpha$$

$\overline{X}-\frac{\sigma}{\sqrt{n}}Z_{\alpha/2}$ 和 $\overline{X}+\frac{\sigma}{\sqrt{n}}Z_{\alpha/2}$ 都仅是样本的函数，是统计量.

因此令 $\hat{\theta}_1=\overline{X}-\frac{\sigma}{\sqrt{n}}Z_{\alpha/2}$，$\hat{\theta}_2=\overline{X}+\frac{\sigma}{\sqrt{n}}Z_{\alpha/2}$，可得 $P\{\hat{\theta}_1<\mu<\hat{\theta}_2\}=1-\alpha$，即

$$\left(\overline{X}-\frac{\sigma}{\sqrt{n}}Z_{\alpha/2},\ \overline{X}+\frac{\sigma}{\sqrt{n}}Z_{\alpha/2}\right)$$

为参数 $\mu$ 的一个信度为 $1-\alpha$ 的置信区间.

进一步分析各参数，即方差、样本容量、信度 $1-\alpha$ 和精度(区间长度)之间相互影响的关系. 区间的长度$\frac{2\sigma}{\sqrt{n}}Z_{\alpha/2}$ 反映了区间估计的精度. 由此可以看出：

(1) $1-\alpha$ 愈大，$\alpha$ 愈小，$Z_{\alpha/2}$ 将增大，精度将下降，即可靠性增大，精度愈差；

(2) $\sigma^2$ 愈大，精度愈低，即方差大，随机影响较大，精度自然降低；

(3) 样本容量 $n$ 增大，精度愈高，但要注意精度与$\sqrt{n}$成比例，而不是与 $n$ 成比例. 比如 $n$ 是原来的 4 倍，精度只是原来的 2 倍.

**2. 方差未知时，均值的区间估计**

由于方差是未知的，可以用样本标准差 $S$ 来估计总体标准差 $\sigma$. 利用前面讲过的抽样分布 $T=\frac{\overline{X}-\mu}{S/\sqrt{n}}\sim t(n-1)$来求 $\mu$ 的区间估计. 前面讲过 $t$ 分布的形状接近于标准正态分布，也是一个对称分布.

由上面的方法，对于给定的 $\alpha$，可以通过查 $t$ 分布表，得临界值 $t_{\alpha/2}(n-1)$，则有

$$P\left\{-t_{\alpha/2}(n-1)<\frac{\overline{X}-\mu}{S/\sqrt{n}}<t_{\alpha/2}(n-1)\right\}=1-\alpha$$

由此得到 $\mu$ 的 $1-\alpha$ 置信区间为

$$\left(\overline{X}-\frac{S}{\sqrt{n}}t_{\alpha/2}(n-1),\ \overline{X}+\frac{S}{\sqrt{n}}t_{\alpha/2}(n-1)\right)$$

**例 7.10** 某车间生产滚球，已知其直径 $X\sim N(\mu,\sigma^2)$，现从某一天生产的产品中随机抽取出 6 个，测得直径如下(单位：mm)：

14.6，15.1，14.9，14.8，15.2，15.1

试求滚球直径 $X$ 的均值 $\mu$ 的置信概率为 95%的置信区间.

**解** 因为

$$\bar{x}=\frac{1}{n}\sum_{i=1}^{n}x_i=\frac{1}{6}(14.6+15.1+14.9+14.8+15.2+15.1)=14.95$$

$$s_0=\sqrt{\frac{1}{n}\sum_{i=1}^{n}(x_i-\bar{x})^2}=0.2062,\ t_{\frac{\alpha}{2}}(n-1)=t_{0.025}(5)=2.571$$

所以

$$t_{\frac{\alpha}{2}}(n-1)\frac{s_0}{\sqrt{n-1}}=2.571\times\frac{0.2062}{\sqrt{6-1}}=0.24$$

因此置信区间为(14.95－0.24，14.95＋0.24)，即(14.71，15.19).

## 三、正态总体方差的区间估计

设$(X_1, X_2, \cdots, X_n)$是来自正态总体$X\sim N(\mu, \sigma^2)$的样本，则有

$$\chi^2=\frac{(n-1)S^2}{\sigma^2}\sim\chi^2(n-1)$$

当给定$\alpha$时，

$$P\left\{\chi^2_{1-\sigma/2}(n-1)<\frac{(n-1)S^2}{\sigma^2}<\chi^2_{\alpha/2}(n-1)\right\}=1-\alpha$$

整理得

$$P\left\{\frac{(n-1)S^2}{\chi^2_{\alpha/2}(n-1)}<\sigma^2<\frac{(n-1)S^2}{\chi^2_{1-\alpha/2}(n-1)}\right\}=1-\alpha$$

可通过查$\chi^2(n-1)$表，求得临界值$\chi^2_{\alpha/2}(n-1)$和$\chi^2_{1-\alpha/2}(n-1)$，由此可得$\sigma^2$的$1-\alpha$置信区间为

$$\left(\frac{(n-1)S^2}{\chi^2_{\alpha/2}(n-1)}, \frac{(n-1)S^2}{\chi^2_{1-\alpha/2}(n-1)}\right)$$

从而$\sigma$的$1-\alpha$的置信区间为

$$\left(\sqrt{\frac{(n-1)S^2}{\chi^2_{\alpha/2}(n-1)}}, \sqrt{\frac{(n-1)S^2}{\chi^2_{1-\alpha/2}(n-1)}}\right)$$

**例7.11** 投资的回收利润率常用来衡量投资风险. 随机地调查了26年的回收利润率(%)，标准差$s=15$(%)，设回收利润率服从正态分布，求它的方差的区间估计.(取$\alpha=0.05$).

**解** 本题中$n=26$，$s=15$，$\alpha=0.05$，$\chi^2_{0.025}(25)=40.646$，$\chi^2_{0.975}(25)=13.120$，则得方差的区间估计：

置信下限

$$\hat{\sigma}_1^2=\frac{(n-1)s^2}{\chi^2_{\alpha/2}(n-1)}=\frac{25\times15^2}{40.646}=138.39$$

置信上限

$$\hat{\sigma}_2^2=\frac{(n-1)s^2}{\chi^2_{1-\alpha/2}(n-1)}=\frac{25\times15^2}{13.120}=428.73$$

故方差的95%的区间估计是

$$(138.39, 428.73)$$

标准差的95%的区间估计是

$$(\sqrt{138.39}, \sqrt{428.73})=(11.76, 20.71)$$

## 习题 7.3

1. 设来自正态总体的一个样本为

$$60, 61, 47, 56, 61, 63, 65, 69, 54, 59$$

求 $X$ 的均值和方差的置信区间.(置信水平为 0.9)

2. 从正态总体 $X\sim N\left(\mu, \frac{1}{4}\right)$ 中抽取容量为 $n=100$ 的样本，样本均值 $\bar{x}=13.2$，求总体均值 $\mu$ 的置信区间.(取 $\alpha=0.05$)

3. 对生产出的一批灯泡进行随机抽取. 现随机抽取 100 个进行检验，测得其平均寿命为 1000 小时，标准差为 200 小时，求这批灯泡平均寿命的置信区间.(取 $\alpha=0.05$)

# 第4节　假设检验

## 一、假设检验的概念

假设检验是统计推断中另一类重要的问题，下面通过几个具体的例子，说明什么是假设检验.

**例 7.12**　假设某餐厅每天营业额服从正态分布，以往使用老菜单时，均值 $\mu_0=8000$(元)，标准差为 640 元，换成新菜单后，9 天中平均营业额 $\bar{x}=8300$(元). 经理想知道，这个差别是由于新菜单引起的，还是由于营业额的随机性引起的.

这个问题中，经理关心的是在换成新菜单后，营业额分布中的均值是否仍然是 $\mu_0=8000$(元)，或是增加了. 我们首先假设总体均值无变化，然后利用样本对这个假设进行判断，此即假设检验问题.

**例 7.13**　某制药商称自己有 90%的把握能保证他们的药对缓解过敏症状有效. 现从患有过敏症的人群中随机抽取 200 人，服药后，有 160 人的症状得到了缓解，据此判定制药商的声明是否真实.

由上面的例子可知，假设检验是对总体的分布函数的形式或分布中的某些参数作出某种假设，然后通过抽取样本，构造适当的统计量，对假设的正确性进行判断的过程.

要对总体作出判断，常常要先对所关心的问题作出某些假定(或是猜测)，这些假定可能是正确的，也可能是不正确的，它们一般是关于总体分布或其参数的某些陈述，称之为统计假设.

一般要同时提出两个对立的假设，即原假设和备择假设(与原假设对立的假设称为备择假设)，分别记为 $H_0$ 和 $H_1$. 在很多情况下，我们给出一个统计假设仅仅是为了拒绝它. 例如，要判断一枚硬币是否均匀，一般假设硬币是均匀的(在研究这类问题时，通常是已经怀疑该结论的真实性). 将检验硬币均匀性的原假设记为 $H_0: p=0.5$($p$ 为出现正面的概率).

备择假设的选取通常要和实际问题相符. 如上面检验硬币均匀性的备择假设可以是 $H_1: p\neq 0.5$；当我们已经肯定是 $p$ 偏大时，也可选 $p>0.5$，或其他确定的值.

假设检验的基本依据是“小概率原理”，即概率很小的随机事件在一次试验中一般是不会发生的. 根据这一原理，先假定原假设 $H_0$ 是正确的，在此假设下构造关于样本的小概率事件 $A$，例如 $P\{A \text{ 发生} | H_0 \text{ 为真}\}=0.05$.

若在一次试验(抽样)中事件 $A$ 竟然发生了，就有理由怀疑 $H_0$ 的正确性，从而拒绝 $H_0$；反之，若事件 $A$ 没有出现，则可以认为假设 $H_0$ 与试验结果是相容的，即没有理由怀

疑 $H_0$，因此接受原假设.

## 二、两类错误

在根据样本作推断时，由于样本的随机性，难免会作出错误的决定. 当原假设 $H_0$ 为真时，而作出拒绝 $H_0$ 的判断，称为犯第一类错误；当原假设 $H_0$ 不真时，而作出接受 $H_0$ 的判断，称为犯第二类错误. 控制犯第一类错误的概率不大于一个较小的数 $\alpha(0<\alpha<1)$，$\alpha$ 称为检验的显著性水平.

假设检验的基本步骤如下：

(1) 根据实际问题的要求，提出相应的原假设 $H_0$ 和备择假设 $H_1$；

(2) 给定显著性水平 $\alpha$，通常 $\alpha$ 取 0.1、0.05 或 0.01 等；

(3) 根据已知条件和统计假设构造适当的统计量，并在原假设成立的条件下确定其分布；

(4) 根据给定的 $\alpha$ 和统计量所服从的分布，查分位点值，确定原假设的拒绝域；

(5) 计算统计量的值，根据其是否落在拒绝域中作出拒绝还是接受原假设的判断.

## 三、检验法

### 1. 正态总体方差 $\sigma^2$ 已知时，均值 $\mu$ 的假设检验

1) 双侧检验

形如 $H_0:\mu=\mu_0$，$H_1\mu\neq\mu_0$ 的假设检验称为双侧检验.

(1) 原假设 $H_0$：$\theta=\theta_0$，备择假设 $H_1$：$\theta\neq\theta_0$，其中 $\theta_0$ 为某一常数；

(2) 原假设 $H_0$：$\theta_1=\theta_2$，备择假设 $H_1$：$\theta_1\neq\theta_2$，其中 $\theta_1$、$\theta_2$ 分别为两互相独立的总体 $X$ 与 $Y$ 的参数.

这类假设的共同特点是，将检验统计量的观察值与临界值比较，无论是偏大还是偏小，都应否定 $H_0$，接受 $H_1$. 因此也称为双侧假设检验.

设$(X_1, X_2, \cdots, X_n)$是来自方差 $\sigma^2$ 已知的正态总体 $N(\mu, \sigma^2)$的一个样本，由抽样分布可知 $Z=\dfrac{\overline{X}-\mu}{\sigma/\sqrt{n}}\sim N(0, 1)$. 若 $H_0$ 成立，则有 $Z=\dfrac{\overline{X}-\mu_0}{\sigma/\sqrt{n}}\sim N(0, 1)$. 若选取显著性水平为 $\alpha$，则有

$$P\left\{\left|\frac{\overline{X}-\mu_0}{\sigma/\sqrt{n}}\right|>Z_{\alpha/2}\right\}=\alpha$$

上式即我们在 $H_0$ 成立的条件下构造的小概率事件，若抽样使小概率事件发生，就拒绝 $H_0$，否则接受 $H_0$. 因此，该问题的拒绝域为

$$\left\{\frac{\overline{X}-\mu_0}{\sigma/\sqrt{n}}<-Z_{\alpha/2}\right\}\cup\left\{\frac{\overline{X}-\mu_0}{\sigma/\sqrt{n}}>Z_{\alpha/2}\right\}$$

**例 7.14** 某工厂制成一种新的钓鱼绳，声称其折断平均受力为 15 kg. 已知标准差为 0.5 kg，为检验 15 kg 这个数字是否真实，在该厂产品中随机抽取 50 件，测得其折断平均受力是 14.8 kg. 若取显著性水平 $\alpha=0.01$，问：是否应接受厂方声称为 15 kg 这个数字？(假定折断拉力 $X\sim N(\mu,\sigma^2)$)

**解** 提出检验假设：

$$H_0:\mu=\mu_0=15,\ H_1:\mu\neq\mu_0$$

由题意知 $n=50$，$\sigma=0.5$，$\bar{x}=14.8$，$\alpha=0.01$，查表知 $z_{0.005}=2.58$，于是

$$z=\left|\frac{\bar{x}-\mu_0}{\sigma/\sqrt{n}}\right|=\left|\frac{14.8-15}{0.5./\sqrt{50}}\right|=2.82>z_{0.005}=2.58$$

因此，拒绝 $H_0$，即意味着厂方声称的 15 kg 的说法与抽样实测结果的偏离在统计上达到显著程度.

2) 单侧检验

形如 $H_0:N\geqslant N_0$(或 $N\leqslant N_0$)，$H_1$：$N<N_0$(或 $N>N_0$)的检验称为单侧检验.

(1) 原假设 $H_0$：$\theta\geqslant\theta_0$(或 $\theta\leqslant\theta_0$)，备择假设 $H_1$：$\theta<\theta_0$(或 $\theta>\theta_0$)，其中为总体 $X$ 的未知参数，$\theta_0$ 为一常数；

(2) 原假设 $H_0$：$\theta_1\geqslant\theta_2$(或 $\theta_1\leqslant\theta_2$)，备择假设 $H_1$：$\theta_1<\theta_2$(或 $\theta_1>\theta_2$)，其中 $\theta_1$，$\theta_2$ 为互相独立的总体 $X$ 与 $Y$ 的未知参数.

同理可有相反的情形，即 $H_0:\mu\geqslant\mu_0$，$H_1:\mu<\mu_0$，此时的拒绝域为：

$$\left\{\frac{\overline{X}-\mu_0}{\sigma/\sqrt{n}}<-Z_\alpha\right\}$$

此外，根据实际问题，也有不同的假设，如：

$$H_0:\mu=\mu_0,\ H_1:\mu<\mu_0$$

$$H_0:\mu=\mu_0,\ H_1:\mu>\mu_0$$

**例 7.15** 有批木材，其小头直径服从正态分布，且标准差为 2.6 cm，按规格要求，小头直径平均值要在 12 cm 以上才能算一等品. 现在从中随机抽取 100 根，测得小头直径平均值为 12.8 cm，问：在 $\alpha=0.05$ 的水平下，能否认为该批木材属于一等品？

**解** 提出检验假设：

$$H_0:\mu\leqslant\mu_0=12,\ H_1:\mu>\mu_0=12$$

由题意知 $n=100$，$\sigma=2.6$，$\bar{x}=12.8$，$\alpha=0.05$，查表知 $z_{0.05}=1.64$，于是

$$z=\frac{\bar{x}-\mu_0}{\sigma/\sqrt{n}}=\frac{12.8-12}{2.6/\sqrt{100}}=3.08>z_{0.05}=1.64$$

即拒绝 $H_0$，接受 $H_1$，可以认为该批木材是一等品.

**2. 正态总体方差 $\sigma^2$ 未知时，均值 $\mu$ 的假设检验**

在实际问题中，更多的情况是假定总体 $X$ 的分布是 $N(\mu, \sigma^2)$，而 $\sigma^2$ 未知，在这种情况下，方法原理也是类似的. 在方差未知时，采用统计量 $T=\dfrac{\overline{X}-\mu}{S/\sqrt{n}} \sim t(n-1)$.

对于双侧假设检验问题，相应的拒绝域为

$$\left\{\frac{\overline{X}-\mu_0}{S/\sqrt{n}} < -t_{\alpha/2}(n-1)\right\} \cup \left\{\frac{\overline{X}-\mu_0}{S/\sqrt{n}} > t_{\alpha/2}(n-1)\right\}$$

**例 7.16** 某种钢筋的强度依赖于其中 C、Mn、Si 的含量所占的比例. 今炼了 6 炉含 C 0.15%、Mn1.20%、Si0.40%的钢，这 6 炉钢的钢筋强度(单位：kg/mm)分别为

48.5，49.0，53.5，49.5，56.0，52.5

根据长期资料的分析，钢筋强度服从正态分布，问：按这种配方生产出的钢筋强度能否认为其均值为 52(kg/mm)?

**解** 提出检验假设：

$$H_0: \mu=\mu_0=52.0, \ H_1: \mu \neq 52.0$$

由题意知 $n=6$，$\bar{x}=51.5$，$s=2.983$，$\alpha=0.05$，查表知 $t_{0.025}(5)=2.571$，于是

$$T=\left|\frac{\bar{x}-\mu_0}{s/\sqrt{n}}\right|=0.410 < t_{0.025}(5)=2.571$$

因此接受原假设 $H_0: \mu=52.0$，即可以认为按这种配方生产出的钢筋强度能达到 52 kg/mm.

**3. 正态总体方差 $\sigma^2$ 的双侧假设检验**

设$(X_1, X_2, \cdots, X_n)$是来自正态总体 $N(\mu, \sigma^2)$的样本，提出原假设：

$$H_0: \sigma^2=\sigma_0^2, \ H_1: \sigma^2 \neq \sigma_0^2$$

由抽样分布可知

$$\frac{(n-1)S^2}{\sigma^2} \sim \chi^2(n-1)$$

在 $H_0$ 成立的条件下有

$$\frac{(n-1)S^2}{\sigma_0^2} \sim \chi^2(n-1)$$

构造小概率事件

$$P\left\{\left\{\frac{(n-1)S^2}{\sigma_0^2} < \chi^2_{1-\frac{\alpha}{2}}(n-1)\right\} \cup \left\{\frac{(n-1)S^2}{\sigma_0^2} > \chi^2_{\frac{\alpha}{2}}(n-1)\right\}\right\}=\alpha$$

若抽得的样本使该事件发生，则有理由拒绝 $H_0$，该事件即为 $H_0$ 的拒绝域.

**例 7.17** 某维尼龙厂根据长期资料的累积得知，所生产的维尼龙的纤度服从正态分布，它的标准差为 0.048. 某日随机抽取 5 根维尼龙，测得其纤度分别为

$$1.32, 1.55, 1.36, 1.40, 1.44$$

问：该日所生产的维尼龙纤度的方差有无显著变化？($\alpha=0.05$)

**解** 提出检验假设：

$$H_0:\sigma^2=\sigma_0^2=0.048^2,\ H_1:\sigma^2\neq\sigma_0^2=0.048^2$$

由题意知 $n=5$，$s^2=0.007\,788$，$\sigma_0^2=0.048^2$，$\alpha=0.05$，查表知 $\chi^2_{0.025}(4)=11.14$，$\chi^2_{0.975}(4)=0.484$，于是

$$\chi^2=\frac{(n-1)s^2}{\sigma_0^2}=\frac{4\times 0.007\,788}{0.048^2}=13.5069>\chi^2_{0.025}(14)=11.14$$

因此拒绝 $H_0$，即当日生产的维尼龙纤度的方差有显著改变.

**4. 正态总体方差 $\sigma^2$ 的单侧假设检验**

有时我们希望方差不大于某个值或越小越好，即检验 $H_0:\sigma^2\leqslant\sigma_0^2$，$H_1:\sigma^2>\sigma_0^2$.

仍采用上面的 $\chi^2$ 分布，$H_0$ 成立时，构造小概率事件

$$P\left\{\frac{(n-1)S^2}{\sigma_0^2}>\chi^2_\alpha(n-1)\right\}\leqslant\alpha$$

即 $H_0$ 的拒绝域为$\left\{\frac{(n-1)S^2}{\sigma_0^2}>\chi^2_\alpha(n-1)\right\}$，其发生的概率不超过 $\alpha$.

**例 7.18** 某厂在出品的汽车蓄电池说明书上写明使用寿命服从正态分布，且标准差不超过 0.9 年. 如果随机抽取 10 只蓄电池，发现样本标准差是 1.2 年，并取 $\alpha=0.05$，试检验厂方说明书上所写是否可信.

**解** 要检验的假设为

$$H_0:\ \sigma\leqslant 0.9,\ H_1:\ \sigma>0.9$$

用 $\chi^2$ 检验，

$$\chi^2=\frac{(n-1)S^2}{\sigma_0^2}>C$$

为使第一类错误概率不超过 $\alpha$，所以

$$P(\chi^2>C)=\alpha$$

在 $\sigma=\sigma_0=0.9$ 时，$\chi^2\sim\chi^2(n-1)$，所以

$$C=\chi^2_\alpha(n-1)$$

当 $n=10$，$\alpha=0.05$ 时，查表得 $\chi^2_{0.05}(9)=16.919$，因此

$$\chi^2=\frac{9\times 1.2^2}{0.81}=16<16.919$$

所以样本未落在拒绝域内，因此在 $\alpha=0.05$ 水平下可以相信厂方得说明书.

## 习题 7.4

1. 某商品的寿命 $X$ 服从正态分布 $N(10, 4)$，现从这种商品中随机抽 16 件，测得其寿

命分别为

9.3，8.5，8.7，8.9，9.8，9.1，8.6，8.0，8.9，9.8，8.8，9.0，9.4，9.0，8.3，9.9

根据经验，该种商品的寿命方差不会变，试根据样本判断该种商品的寿命的均值有无显著变化.（取 $\alpha=0.05$）

2. 某工厂生产某种商品，该产品的质量服从正态分布，其标准质量为 $\mu_0=100$ kg. 某日开工后从这批产品中随机测得 9 件产品的质量分别为(单位：kg)

99.3，98.7，100.5，101.2，98.3，99.7，99.5，102.1，100.5

问：该日生产是否正常？（取 $\alpha=0.05$）

3. 某电池厂生产的电池，其寿命服从方差 $\sigma^2=900$ 的正态分布. 今生产一批这样的电池，从生产情况看，寿命波动性较大. 为了判断这种想法是否合乎实际，随机抽取了 26 只电池，测得其寿命的样本方差 $s^2=1100$. 问：这批电池的寿命较以往有无显著差异？（取 $\alpha=0.05$）

# 附　　录

# 附录 1　泊松分布表

$$1-F(x-1)=\sum_{k=x}^{\infty}\frac{\lambda^k}{k!}e^{-\lambda}$$

| $x$ \ $\lambda$ | 0.2 | 0.3 | 0.4 | 0.5 | 0.6 |
|---|---|---|---|---|---|
| 0 | 1.0000000 | 1.0000000 | 1.0000000 | 1.0000000 | 1.0000000 |
| 1 | 0.1812692 | 0.2591818 | 0.3296800 | 0.323469 | 0.451188 |
| 2 | 0.0175231 | 0.0369363 | 0.0615519 | 0.090204 | 0.121901 |
| 3 | 0.0011485 | 0.0035995 | 0.0079263 | 0.014388 | 0.023115 |
| 4 | 0.0000568 | 0.0002658 | 0.0007763 | 0.001752 | 0.003358 |
| 5 | 0.0000023 | 0.0000158 | 0.0000612 | 0.000172 | 0.000394 |
| 6 | 0.0000001 | 0.0000008 | 0.0000040 | 0.000014 | 0.000039 |
| 7 | | | 0.0000002 | 0.0000001 | 0.0000003 |

| $x$ \ $\lambda$ | 0.7 | 0.8 | 0.9 | 1.0 | 1.2 |
|---|---|---|---|---|---|
| 0 | 1.0000000 | 1.0000000 | 1.0000000 | 1.0000000 | 1.0000000 |
| 1 | 0.503415 | 0.550671 | 0.593430 | 0.632121 | 0.698806 |
| 2 | 0.155805 | 0.191208 | 0.227518 | 0.264241 | 0.337373 |
| 3 | 0.034142 | 0.047423 | 0.062857 | 0.080301 | 0.120513 |
| 4 | 0.005753 | 0.009080 | 0.013459 | 0.018988 | 0.033769 |
| 5 | 0.000786 | 0.001411 | 0.002344 | 0.003660 | 0.007746 |
| 6 | 0.000090 | 0.000184 | 0.000343 | 0.000594 | 0.001500 |
| 7 | 0.000009 | 0.000021 | 0.000043 | 0.000083 | 0.000251 |
| 8 | 0.000001 | 0.000002 | 0.000005 | 0.000010 | 0.000037 |
| 9 | | | | 0.000001 | 0.000005 |
| 10 | | | | | 0.000001 |

| $x$ \ $\lambda$ | 1.4 | 1.6 | 1.8 | 2.0 | 2.5 |
|---|---|---|---|---|---|
| 0 | 1.000000 | 1.000000 | 1.000000 | 1.000000 | 1.000000 |
| 1 | 0.753403 | 0.798103 | 0.834701 | 0.864665 | 0.917915 |
| 2 | 0.408167 | 0.475069 | 0.537163 | 0.593994 | 0.712703 |
| 3 | 0.166502 | 0.216642 | 0.269379 | 0.323323 | 0.456187 |
| 4 | 0.053725 | 0.078813 | 0.108708 | 0.142876 | 0.242424 |
| 5 | 0.014253 | 0.023682 | 0.036407 | 0.052652 | 0.108822 |
| 6 | 0.003201 | 0.006040 | 0.010378 | 0.016563 | 0.042021 |
| 7 | 0.000622 | 0.001336 | 0.002569 | 0.004533 | 0.014187 |
| 8 | 0.000107 | 0.000260 | 0.000562 | 0.001096 | 0.004247 |
| 9 | 0.000016 | 0.000045 | 0.000110 | 0.000237 | 0.001140 |
| 10 | 0.000002 | 0.000007 | 0.000019 | 0.000046 | 0.000277 |
| 11 | | 0.000001 | 0.000003 | 0.000008 | 0.000062 |
| 12 | | | | 0.000001 | 0.000013 |
| 13 | | | | | 0.000002 |

续表

| $x$ \ $\lambda$ | 3.0 | 3.5 | 4.0 | 4.5 | 5.0 |
|---|---|---|---|---|---|
| 0 | 1.000000 | 1.000000 | 1.000000 | 1.000000 | 1.000000 |
| 1 | 0.950213 | 0.969803 | 0.981684 | 0.988891 | 0.993262 |
| 2 | 0.800852 | 0.864112 | 0.908422 | 0.938901 | 0.959572 |
| 3 | 0.576810 | 0.679153 | 0.761897 | 0.826422 | 0.875348 |
| 4 | 0.352768 | 0.463367 | 0.566530 | 0.657704 | 0.734974 |
| 5 | 0.184737 | 0.274555 | 0.371163 | 0.467896 | 0.559507 |
| 6 | 0.083918 | 0.142386 | 0.214870 | 0.297070 | 0.384039 |
| 7 | 0.033509 | 0.065288 | 0.110674 | 0.168949 | 0.237817 |
| 8 | 0.011905 | 0.026739 | 0.051134 | 0.086586 | 0.133372 |
| 9 | 0.003803 | 0.009874 | 0.021363 | 0.040257 | 0.068094 |
| 10 | 0.001102 | 0.003315 | 0.008132 | 0.017093 | 0.031828 |
| 11 | 0.000292 | 0.001019 | 0.002840 | 0.006669 | 0.013695 |
| 12 | 0.000071 | 0.000289 | 0.000915 | 0.002404 | 0.005453 |
| 13 | 0.000016 | 0.000076 | 0.000274 | 0.000805 | 0.002019 |
| 14 | 0.000003 | 0.000019 | 0.000076 | 0.000252 | 0.000698 |
| 15 | 0.000001 | 0.000004 | 0.000020 | 0.000074 | 0.000226 |
| 16 | | 0.000001 | 0.000005 | 0.000020 | 0.000069 |
| 17 | | | 0.000001 | 0.000005 | 0.000020 |
| 18 | | | | 0.000001 | 0.000005 |
| 19 | | | | | 0.000001 |

# 附录 2　标准正态分布表

$$\Phi(z)=\int_{-\infty}^{x}\frac{1}{\sqrt{2\pi}}e^{-\frac{u^2}{2}}du=P\{Z\leqslant z\}$$

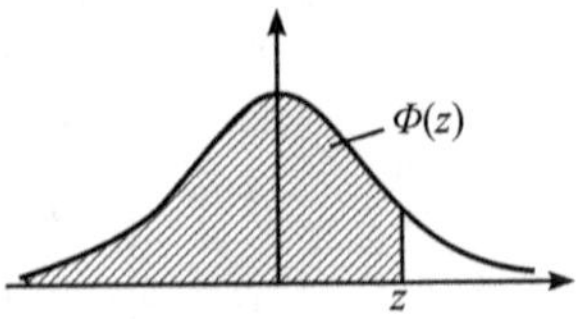


| $x$ | 0.00 | 0.01 | 0.02 | 0.03 | 0.04 | 0.05 | 0.06 | 0.07 | 0.08 | 0.09 |
|---|---|---|---|---|---|---|---|---|---|---|
| 0.0 | 0.5000 | 0.5040 | 0.5080 | 0.5120 | 0.5160 | 0.5199 | 0.5239 | 0.5279 | 0.5319 | 0.5359 |
| 0.1 | 0.5398 | 0.5438 | 0.5478 | 0.5517 | 0.5557 | 0.5596 | 0.5636 | 0.5675 | 0.5714 | 0.5753 |
| 0.2 | 0.5793 | 0.5832 | 0.5871 | 0.5910 | 0.5948 | 0.5987 | 0.6026 | 0.6064 | 0.6103 | 0.6141 |
| 0.3 | 0.6179 | 0.6217 | 0.6255 | 0.6293 | 0.6331 | 0.6368 | 0.6406 | 0.6443 | 0.6480 | 0.6517 |
| 0.4 | 0.6554 | 0.6591 | 0.6628 | 0.6664 | 0.6700 | 0.6736 | 0.6772 | 0.6808 | 0.6844 | 0.6879 |
| 0.5 | 0.6915 | 0.6950 | 0.6985 | 0.7019 | 0.7054 | 0.7088 | 0.7123 | 0.7157 | 0.7190 | 0.7224 |
| 0.6 | 0.7257 | 0.7291 | 0.7324 | 0.7357 | 0.7389 | 0.7422 | 0.7454 | 0.7486 | 0.7517 | 0.7549 |
| 0.7 | 0.7580 | 0.7611 | 0.7642 | 0.7673 | 0.7703 | 0.7734 | 0.7764 | 0.7794 | 0.7823 | 0.7582 |
| 0.8 | 0.7881 | 0.7910 | 0.7939 | 0.7967 | 0.7995 | 0.8023 | 0.8051 | 0.8078 | 0.8106 | 0.8133 |
| 0.9 | 0.8159 | 0.8186 | 0.8212 | 0.8238 | 0.8264 | 0.8289 | 0.8315 | 0.8340 | 0.8365 | 0.8389 |
| 1.0 | 0.8413 | 0.8438 | 0.8461 | 0.8485 | 0.8508 | 0.8531 | 0.8554 | 0.8577 | 0.8599 | 0.8621 |
| 1.1 | 0.8643 | 0.8665 | 0.8686 | 0.8708 | 0.8729 | 0.8749 | 0.8770 | 0.8790 | 0.8810 | 0.8830 |
| 1.2 | 0.8849 | 0.8869 | 0.8888 | 0.8907 | 0.8925 | 0.8944 | 0.8962 | 0.8980 | 0.8997 | 0.9015 |
| 1.3 | 0.9032 | 0.9049 | 0.9066 | 0.9082 | 0.9099 | 0.9115 | 0.9131 | 0.9147 | 0.9162 | 0.9177 |
| 1.4 | 0.9192 | 0.9207 | 0.9222 | 0.9236 | 0.9251 | 0.9265 | 0.9278 | 0.9292 | 0.9306 | 0.9319 |
| 1.5 | 0.9332 | 0.9345 | 0.9357 | 0.9370 | 0.9382 | 0.9394 | 0.9406 | 0.9418 | 0.9430 | 0.9441 |
| 1.6 | 0.9452 | 0.9463 | 0.9474 | 0.9484 | 0.9495 | 0.9505 | 0.9515 | 0.9525 | 0.9535 | 0.9545 |
| 1.7 | 0.9554 | 0.9564 | 0.9573 | 0.9582 | 0.9591 | 0.9599 | 0.9608 | 0.9616 | 0.9625 | 0.9633 |
| 1.8 | 0.9641 | 0.9648 | 0.9656 | 0.9664 | 0.9671 | 0.9678 | 0.9686 | 0.9693 | 0.9700 | 0.9706 |
| 1.9 | 0.9713 | 0.9719 | 0.9726 | 0.9732 | 0.9738 | 0.9744 | 0.9750 | 0.9756 | 0.9762 | 0.9767 |
| 2.0 | 0.9772 | 0.9778 | 0.9783 | 0.9788 | 0.9793 | 0.9798 | 0.9803 | 0.9808 | 0.9812 | 0.9817 |
| 2.1 | 0.9821 | 0.9826 | 0.9830 | 0.9834 | 0.9838 | 0.9842 | 0.9846 | 0.9850 | 0.9854 | 0.9857 |
| 2.2 | 0.9861 | 0.9864 | 0.9868 | 0.9871 | 0.9874 | 0.9878 | 0.9881 | 0.9884 | 0.9887 | 0.9890 |
| 2.3 | 0.9893 | 0.9896 | 0.9898 | 0.9901 | 0.9904 | 0.9906 | 0.9909 | 0.9911 | 0.9913 | 0.9916 |
| 2.4 | 0.9918 | 0.9920 | 0.9922 | 0.9925 | 0.9927 | 0.9929 | 0.9931 | 0.9932 | 0.9934 | 0.9936 |
| 2.5 | 0.9938 | 0.9940 | 0.9941 | 0.9943 | 0.9945 | 0.9946 | 0.9948 | 0.9949 | 0.9951 | 0.9952 |
| 2.6 | 0.9953 | 0.9955 | 0.9956 | 0.9957 | 0.9959 | 0.9960 | 0.9961 | 0.9962 | 0.9963 | 0.9964 |
| 2.7 | 0.9965 | 0.9966 | 0.9967 | 0.9968 | 0.9969 | 0.9970 | 0.9971 | 0.9972 | 0.9973 | 0.9974 |
| 2.8 | 0.9974 | 0.9975 | 0.9976 | 0.9977 | 0.9977 | 0.9978 | 0.9979 | 0.9979 | 0.9980 | 0.9981 |
| 2.9 | 0.9981 | 0.9982 | 0.9982 | 0.9983 | 0.9984 | 0.9984 | 0.9985 | 0.9985 | 0.9986 | 0.9986 |
| 3.0 | 0.9987 | 0.9990 | 0.9993 | 0.9995 | 0.9997 | 0.9998 | 0.9998 | 0.9999 | 0.9999 | 1.0000 |

注：表中末行系函数值 $\Phi(3.0)$，$\Phi(3.1)$，…，$\Phi(3.9)$.

# 附录 3　$\chi^2$ 分布表

$$P\{\chi^2(n) > \chi^2_\alpha(n)\} = \alpha$$

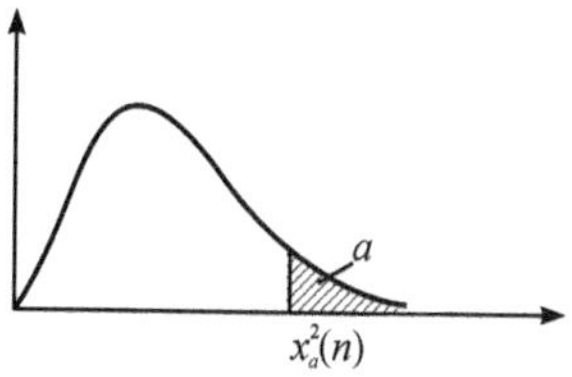


| n \ α | 0.995 | 0.99 | 0.975 | 0.95 | 0.90 | 0.75 |
|---|---|---|---|---|---|---|
| 1 | — | — | 0.001 | 0.004 | 0.016 | 0.102 |
| 2 | 0.010 | 0.020 | 0.051 | 0.103 | 0.211 | 0.575 |
| 3 | 0.072 | 0.115 | 0.216 | 0.352 | 0.584 | 1.213 |
| 4 | 0.207 | 0.297 | 0.484 | 0.711 | 1.064 | 1.923 |
| 5 | 0.412 | 0.554 | 0.831 | 1.145 | 1.610 | 2.675 |
| 6 | 0.676 | 0.872 | 1.237 | 1.635 | 2.204 | 3.455 |
| 7 | 0.989 | 1.239 | 1.690 | 2.167 | 2.833 | 4.255 |
| 8 | 1.344 | 1.646 | 2.180 | 2.733 | 3.490 | 5.071 |
| 9 | 1.735 | 2.088 | 2.700 | 3.325 | 4.168 | 5.899 |
| 10 | 2.156 | 2.558 | 3.247 | 3.940 | 4.865 | 6.737 |
| 11 | 2.603 | 3.053 | 3.816 | 4.575 | 5.578 | 7.584 |
| 12 | 3.074 | 3.571 | 4.404 | 5.226 | 6.304 | 8.438 |
| 13 | 3.565 | 4.107 | 5.009 | 5.892 | 7.042 | 9.299 |
| 14 | 4.075 | 4.660 | 5.629 | 6.571 | 7.790 | 10.165 |
| 15 | 4.601 | 5.229 | 6.262 | 7.261 | 8.547 | 11.037 |
| 16 | 5.142 | 5.812 | 6.908 | 7.962 | 9.312 | 11.912 |
| 17 | 5.697 | 6.408 | 7.564 | 8.672 | 10.085 | 12.792 |
| 18 | 6.265 | 7.015 | 8.231 | 9.390 | 10.865 | 13.675 |
| 19 | 6.844 | 7.633 | 8.907 | 10.117 | 11.651 | 14.562 |
| 20 | 7.434 | 8.260 | 9.591 | 10.851 | 12.443 | 15.452 |
| 21 | 8.034 | 8.897 | 10.283 | 11.591 | 13.240 | 16.344 |
| 22 | 8.643 | 9.542 | 10.982 | 12.338 | 14.042 | 17.240 |
| 23 | 9.260 | 10.196 | 11.689 | 13.091 | 14.848 | 18.137 |
| 24 | 9.886 | 10.856 | 12.401 | 13.848 | 15.659 | 19.037 |
| 25 | 10.520 | 11.524 | 13.120 | 14.611 | 16.473 | 19.939 |

续表

| α / n | 0.995 | 0.99 | 0.975 | 0.95 | 0.90 | 0.75 |
|---|---|---|---|---|---|---|
| 26 | 11.160 | 12.198 | 13.844 | 15.379 | 17.292 | 20.843 |
| 27 | 11.808 | 12.879 | 14.573 | 16.151 | 18.114 | 21.749 |
| 28 | 12.461 | 13.565 | 15.308 | 16.928 | 18.939 | 22.657 |
| 29 | 13.121 | 14.257 | 16.047 | 17.708 | 19.768 | 23.567 |
| 30 | 13.787 | 14.954 | 16.791 | 18.493 | 20.599 | 24.478 |
| 31 | 14.458 | 15.655 | 17.539 | 19.281 | 21.434 | 25.390 |
| 32 | 15.134 | 16.362 | 18.291 | 20.072 | 22.271 | 26.304 |
| 33 | 15.815 | 17.074 | 19.047 | 20.867 | 23.110 | 27.219 |
| 34 | 16.501 | 17.789 | 19.806 | 21.664 | 23.952 | 28.186 |
| 35 | 17.192 | 18.509 | 20.569 | 22.465 | 24.797 | 29.054 |
| 36 | 17.887 | 19.233 | 21.336 | 23.269 | 25.643 | 29.973 |
| 37 | 18.586 | 19.960 | 22.106 | 24.075 | 26.492 | 30.893 |
| 38 | 19.289 | 20.691 | 22.878 | 24.884 | 27.343 | 31.815 |
| 39 | 19.996 | 21.426 | 23.654 | 25.695 | 28.196 | 32.737 |
| 40 | 20.707 | 22.164 | 24.433 | 26.509 | 29.051 | 33.660 |
| 41 | 21.421 | 22.906 | 25.215 | 27.326 | 29.907 | 34.585 |
| 42 | 22.138 | 23.650 | 25.999 | 28.144 | 30.765 | 35.510 |
| 43 | 22.859 | 24.398 | 26.785 | 28.965 | 31.625 | 36.436 |
| 44 | 23.584 | 25.148 | 27.575 | 29.787 | 32.487 | 37.363 |
| 45 | 24.311 | 25.901 | 28.366 | 30.612 | 33.350 | 38.291 |

| α / n | 0.25 | 0.10 | 0.05 | 0.025 | 0.01 | 0.005 |
|---|---|---|---|---|---|---|
| 1 | 1.323 | 2.706 | 3.841 | 5.024 | 6.635 | 7.879 |
| 2 | 2.773 | 4.605 | 5.991 | 7.378 | 9.210 | 10.597 |
| 3 | 4.108 | 6.251 | 7.815 | 9.348 | 11.345 | 12.838 |
| 4 | 5.385 | 7.779 | 9.488 | 11.143 | 13.277 | 14.860 |
| 5 | 6.626 | 9.236 | 11.071 | 12.833 | 15.086 | 16.750 |
| 6 | 7.841 | 10.645 | 12.592 | 14.449 | 16.812 | 18.548 |
| 7 | 9.037 | 12.017 | 14.067 | 16.013 | 18.475 | 20.278 |
| 8 | 10.219 | 13.362 | 15.507 | 17.535 | 20.090 | 21.955 |
| 9 | 11.389 | 14.684 | 16.919 | 19.023 | 21.666 | 23.589 |
| 10 | 12.549 | 15.987 | 18.307 | 20.483 | 23.209 | 25.188 |
| 11 | 13.701 | 17.275 | 19.675 | 21.920 | 24.725 | 26.757 |
| 12 | 14.845 | 18.549 | 21.026 | 23.337 | 26.217 | 28.299 |
| 13 | 15.984 | 19.812 | 22.362 | 24.736 | 27.688 | 29.819 |
| 14 | 17.117 | 21.064 | 23.685 | 26.119 | 29.141 | 31.319 |
| 15 | 18.245 | 22.307 | 24.996 | 27.488 | 30.578 | 32.801 |

续表

| n \ α | 0.25 | 0.10 | 0.05 | 0.025 | 0.01 | 0.005 |
|---|---|---|---|---|---|---|
| 16 | 19.369 | 23.542 | 26.296 | 28.845 | 32.000 | 34.267 |
| 17 | 20.489 | 24.769 | 27.587 | 30.191 | 33.409 | 35.718 |
| 18 | 21.605 | 25.989 | 28.869 | 31.526 | 34.805 | 37.156 |
| 19 | 22.718 | 27.204 | 30.144 | 32.852 | 36.191 | 38.582 |
| 20 | 23.828 | 28.412 | 31.410 | 34.170 | 37.566 | 39.997 |
| 21 | 24.935 | 29.615 | 32.671 | 35.479 | 38.932 | 41.401 |
| 22 | 26.039 | 30.813 | 33.924 | 36.781 | 40.289 | 42.796 |
| 23 | 27.141 | 32.007 | 35.172 | 38.076 | 41.638 | 44.181 |
| 24 | 28.241 | 33.196 | 36.415 | 39.364 | 42.980 | 45.559 |
| 25 | 29.339 | 34.382 | 37.652 | 40.646 | 44.314 | 46.928 |
| 26 | 30.435 | 35.563 | 38.885 | 41.923 | 45.642 | 48.290 |
| 27 | 31.528 | 36.741 | 40.113 | 43.194 | 46.963 | 49.645 |
| 28 | 32.620 | 37.916 | 41.337 | 44.461 | 48.278 | 50.993 |
| 29 | 33.711 | 39.087 | 42.557 | 45.722 | 49.588 | 52.336 |
| 30 | 34.800 | 40.256 | 43.773 | 46.979 | 50.892 | 53.672 |
| 31 | 35.887 | 41.422 | 44.985 | 48.232 | 52.191 | 55.003 |
| 32 | 36.973 | 42.585 | 46.194 | 49.480 | 53.486 | 56.328 |
| 33 | 38.058 | 43.745 | 47.400 | 50.725 | 54.776 | 57.648 |
| 34 | 39.141 | 44.903 | 48.602 | 51.966 | 56.061 | 58.964 |
| 35 | 40.223 | 46.059 | 49.802 | 53.203 | 57.342 | 60.275 |
| 36 | 41.304 | 47.212 | 50.998 | 54.437 | 58.619 | 61.581 |
| 37 | 42.383 | 48.363 | 52.192 | 55.668 | 59.892 | 62.883 |
| 38 | 43.462 | 49.513 | 53.384 | 56.896 | 61.162 | 64.181 |
| 39 | 44.539 | 50.660 | 54.572 | 58.120 | 62.428 | 65.476 |
| 40 | 45.616 | 51.805 | 55.758 | 59.342 | 63.691 | 66.766 |
| 41 | 46.692 | 52.949 | 56.942 | 60.561 | 64.950 | 68.053 |
| 42 | 47.766 | 54.090 | 58.124 | 61.777 | 66.206 | 69.336 |
| 43 | 48.840 | 55.230 | 59.304 | 62.990 | 67.459 | 70.616 |
| 44 | 49.913 | 56.369 | 60.481 | 64.201 | 68.710 | 71.893 |
| 45 | 50.985 | 57.505 | 61.656 | 35.410 | 69.957 | 73.166 |

# 附录4 t 分布表

$$P\{t(n)>t_{\alpha}(n)\}=\alpha$$

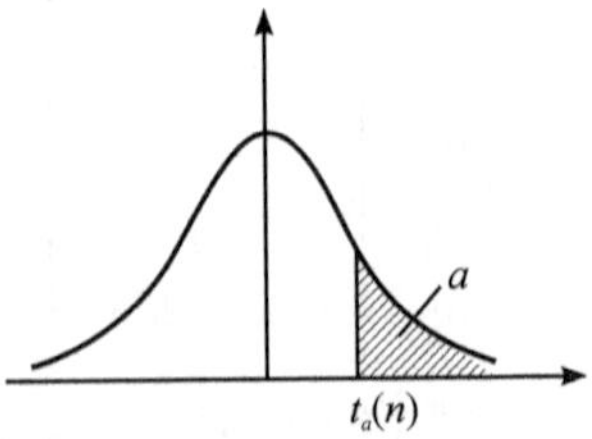


| $n$ \ $\alpha$ | 0.25 | 0.10 | 0.05 | 0.025 | 0.01 | 0.005 |
|---|---|---|---|---|---|---|
| 1 | 1.0000 | 3.0777 | 6.3138 | 12.7062 | 31.8207 | 63.6574 |
| 2 | 0.8165 | 1.8856 | 2.9200 | 4.3027 | 6.9646 | 9.9248 |
| 3 | 0.7649 | 1.6377 | 2.3534 | 3.1824 | 4.5407 | 5.8409 |
| 4 | 0.7407 | 0.5332 | 2.1318 | 2.7764 | 3.7469 | 4.6041 |
| 5 | 0.7267 | 1.4759 | 2.0150 | 2.5706 | 3.3649 | 4.0322 |
| 6 | 0.7176 | 1.4398 | 1.9432 | 2.4469 | 3.1427 | 3.7074 |
| 7 | 0.7111 | 1.4149 | 1.8946 | 2.3646 | 2.9980 | 3.4995 |
| 8 | 0.7064 | 1.3968 | 1.8595 | 2.3060 | 2.8965 | 3.3554 |
| 9 | 0.7027 | 1.3830 | 1.8331 | 2.2622 | 2.8214 | 3.2498 |
| 10 | 0.6998 | 1.3722 | 1.8125 | 2.2281 | 2.7638 | 3.1693 |
| 11 | 0.6974 | 1.3634 | 1.7959 | 2.2010 | 2.7181 | 3.1058 |
| 12 | 0.6955 | 1.3562 | 1.7823 | 2.1788 | 2.6810 | 3.0545 |
| 13 | 0.6938 | 1.3502 | 1.7709 | 2.1604 | 2.6503 | 3.0123 |
| 14 | 0.6924 | 1.3450 | 1.7613 | 2.1448 | 2.6245 | 2.9768 |
| 15 | 0.6912 | 1.3406 | 1.7531 | 2.1315 | 2.6025 | 2.9467 |
| 16 | 0.6901 | 1.3368 | 1.7459 | 2.1199 | 2.5835 | 2.9208 |
| 17 | 0.6892 | 1.3334 | 1.7396 | 2.1098 | 2.5669 | 2.8982 |
| 18 | 0.6884 | 1.3304 | 1.7341 | 2.1009 | 2.5524 | 2.8784 |
| 19 | 0.6876 | 1.3277 | 1.7291 | 2.0930 | 2.5395 | 2.8609 |
| 20 | 0.6870 | 1.3253 | 1.7247 | 2.0860 | 2.5280 | 2.8453 |
| 21 | 0.6864 | 1.3232 | 1.7207 | 2.0796 | 2.5177 | 2.8314 |
| 22 | 0.6858 | 1.3212 | 1.7171 | 2.0739 | 2.5083 | 2.8188 |
| 23 | 0.6853 | 1.3195 | 1.7139 | 2.0687 | 2.4999 | 2.8073 |
| 24 | 0.6848 | 1.3178 | 1.7109 | 2.0639 | 2.4922 | 2.7969 |
| 25 | 0.6844 | 1.3163 | 1.7081 | 2.0595 | 2.4851 | 2.7874 |

续表

| n \ α | 0.25 | 0.10 | 0.05 | 0.025 | 0.01 | 0.005 |
|---|---|---|---|---|---|---|
| 26 | 0.6840 | 1.3150 | 1.7056 | 2.0555 | 2.4786 | 2.7787 |
| 27 | 0.6837 | 1.3137 | 1.7033 | 2.0518 | 2.4727 | 2.7707 |
| 28 | 0.6834 | 1.3125 | 1.7011 | 2.0484 | 2.4641 | 2.7633 |
| 29 | 0.6830 | 1.3114 | 1.6991 | 2.0452 | 2.4620 | 2.7564 |
| 30 | 0.6828 | 1.3104 | 1.6973 | 2.0423 | 2.4573 | 2.7500 |
| 31 | 0.6825 | 1.3095 | 1.6955 | 2.0395 | 2.4528 | 2.7440 |
| 32 | 0.6822 | 1.3086 | 1.6939 | 2.0369 | 2.4487 | 2.7385 |
| 33 | 0.6820 | 1.3077 | 1.6924 | 2.0345 | 2.4448 | 2.7333 |
| 34 | 0.6818 | 1.3070 | 1.6909 | 2.0322 | 2.4411 | 2.7284 |
| 35 | 0.6816 | 1.3062 | 1.6896 | 2.0301 | 2.4377 | 2.7238 |
| 36 | 0.6814 | 1.3055 | 1.6883 | 2.0281 | 2.4345 | 2.7195 |
| 37 | 0.6812 | 1.3049 | 1.6871 | 2.0262 | 2.4314 | 2.7154 |
| 38 | 0.6810 | 1.3042 | 1.6860 | 2.0244 | 2.4286 | 2.7116 |
| 39 | 0.6808 | 1.3036 | 1.6849 | 2.0227 | 2.4258 | 2.7079 |
| 40 | 0.6807 | 1.3031 | 1.6839 | 2.0211 | 2.4233 | 2.7045 |
| 41 | 0.6805 | 1.3025 | 1.6829 | 2.0195 | 2.4208 | 2.7012 |
| 42 | 0.6804 | 1.3020 | 1.6820 | 2.0181 | 2.4185 | 2.6981 |
| 43 | 0.6802 | 1.3016 | 1.6811 | 2.0167 | 2.4163 | 2.6951 |
| 44 | 0.6801 | 1.3011 | 1.6802 | 2.0154 | 2.4141 | 2.6923 |
| 45 | 0.6800 | 1.3006 | 1.6794 | 2.0141 | 2.4121 | 2.6896 |

# 附录5 模拟题1

一、填空题

1. 若齐次线性方程组 $\boldsymbol{AX}=\boldsymbol{0}$ 的未知量个数为 $n$，系数矩阵 $\boldsymbol{A}$ 的秩 $r(\boldsymbol{A})=r<n$，则它一定有基础解系，且基础解系包括________个解向量.

2. 向量组 $\boldsymbol{\alpha}_1, \boldsymbol{\alpha}_2, \cdots, \boldsymbol{\alpha}_n$ 的极大无关组所含向量个数，称为该向量组的________.

3. $\boldsymbol{A}=\begin{pmatrix}1 & 3\\ 2 & -2\end{pmatrix}$，$\boldsymbol{B}=\begin{pmatrix}2 & 5\\ 3 & 4\end{pmatrix}$，则 $\boldsymbol{AB}=\begin{pmatrix} & \\ & \end{pmatrix}$，$\boldsymbol{A}+\boldsymbol{B}=$________，$|\boldsymbol{AB}|=$________。

4. 对于矩阵 $\boldsymbol{A}$ 和单位矩阵 $\boldsymbol{E}$，$\boldsymbol{EA}=\boldsymbol{AE}=$________________.

5. 若 $n$ 阶行列式 $\boldsymbol{A}=\begin{vmatrix} a & 0 & 0 & \cdots & 0 & 1\\ 0 & a & 0 & \cdots & 0 & 0\\ 0 & 0 & a & \cdots & 0 & 0\\ \vdots & \vdots & \vdots & & \vdots & \vdots\\ 0 & 0 & 0 & \cdots & a & 0\\ 1 & 0 & 0 & \cdots & 0 & a\end{vmatrix}$，则 $\boldsymbol{A}$ 的值为______________.

6. 某4阶行列式 $\boldsymbol{A}$ 的第一行元素为 $a_{11}=1$，$a_{12}=5$，$a_{13}=0$，$a_{14}=-1$，各元素对应的余子式为 $-1, 3, 5, -2$，则 $\boldsymbol{A}=$__________.

7. 已知向量 $\boldsymbol{\alpha}=(-1, 6, 1)$，$\boldsymbol{\beta}=(1, 0, -1)$，若 $2\boldsymbol{\alpha}-\boldsymbol{\beta}+3\boldsymbol{\gamma}=\boldsymbol{0}$，则 $\boldsymbol{\gamma}=$__________.

8. 已知 $\boldsymbol{A}=\begin{pmatrix}a+b & 3\\ 3 & a-b\end{pmatrix}$，$\boldsymbol{B}=\begin{pmatrix}7 & 2c+d\\ c-d & 3\end{pmatrix}$，若 $\boldsymbol{A}=\boldsymbol{B}$，则 $a=$__________，$b=$________，$c=$________，$d=$________.

9. 已知 $\boldsymbol{A}=\begin{pmatrix}-1 & 0\\ 2 & 3\end{pmatrix}$，求 $|3\boldsymbol{A}|=$________，$3|\boldsymbol{A}|=$________.

10. 若非齐次线性方程组 $\boldsymbol{AX}=\boldsymbol{B}$ 有一个特解 $\boldsymbol{\eta}$，对应齐次方程组 $\boldsymbol{AX}=\boldsymbol{0}$ 的通解为 $\boldsymbol{\xi}$，则 $\boldsymbol{AX}=\boldsymbol{B}$ 的通解为________.

二、判断题(对的打"√"，错的打"×")

1. 矩阵的行秩与列秩相等. (　　)

2. 初等变换不改变矩阵的秩. (　　)

3. 若矩阵 $\boldsymbol{AB}=\boldsymbol{0}$，则 $\boldsymbol{A}$、$\boldsymbol{B}$ 中至少有一个为零矩阵. (　　)

4. 若 $\boldsymbol{A}$ 可逆，则 $\boldsymbol{A}^{-1}$ 也可逆，且 $(\boldsymbol{A}^{-1})^{-1}=\boldsymbol{A}$. (　　)

5. 初等变换不会改变矩阵的秩. (　　)

6. 任意一个非零向量总是线性无关的. (　　)

三、用克莱姆法则解线性方程组.

(1) $\begin{cases}2x_1-x_2=5\\3x_1+2x_2=11\end{cases}$；

(2) $\begin{cases}x_1+2x_3=1\\x_1+x_2+4x_3=1\\2x_1-x_2=2\end{cases}$.

四、计算下行矩阵的乘积.

(1) $\begin{pmatrix}2&0&-1\\1&3&2\end{pmatrix}\begin{pmatrix}1&7\\4&2\\2&0\end{pmatrix}$；

(2) $(1\quad 0\quad -2)\begin{pmatrix}1&0&3\\-2&1&2\\-1&2&0\end{pmatrix}$；

(3) $(-1\quad 0\quad 2)\begin{pmatrix}2\\4\\-1\end{pmatrix}$.

五、求下列向量组的秩及向量组的一个极大无关组.

(1) $\boldsymbol{\alpha}_1=(1,1,1)^{\mathrm{T}}$，$\boldsymbol{\alpha}_2=(1,3,2)^{\mathrm{T}}$，$\boldsymbol{\alpha}_3=(1,1,4)^{\mathrm{T}}$；

(2) $\boldsymbol{\alpha}_1=(1,1,1,2)^{\mathrm{T}}$，$\boldsymbol{\alpha}_2=(3,1,2,5)^{\mathrm{T}}$，$\boldsymbol{\alpha}_3=(2,0,1,3)^{\mathrm{T}}$，$\boldsymbol{\alpha}_4=(1,-1,0,1)^{\mathrm{T}}$.

六、用伴随矩阵法求矩阵 $\boldsymbol{A}=\begin{pmatrix}1 & 2 & 1\\-1 & -1 & 0\\0 & 1 & 1\end{pmatrix}$的逆矩阵 $\boldsymbol{A}^{-1}$.

七、已知 $\boldsymbol{A}=\begin{pmatrix}1 & 3\\2 & 5\end{pmatrix}$，$\boldsymbol{B}=\begin{pmatrix}1\\0\end{pmatrix}$，$\boldsymbol{X}=\begin{pmatrix}x_1\\x_2\end{pmatrix}$，用初等行变换法求逆矩阵 $\boldsymbol{A}^{-1}$，解矩阵方程 $\boldsymbol{AX}=\boldsymbol{B}$.

八、判断向量组 $\boldsymbol{\alpha}_1=(3,\ -6,\ 9)$，$\boldsymbol{\alpha}_2=(1,\ -2,\ 3)$，$\boldsymbol{\alpha}_3=(-2,\ 4,\ -6)$的线性相关性.（提示：$k_1\boldsymbol{\alpha}_1+k_2\boldsymbol{\alpha}_2+k_3\boldsymbol{\alpha}_3=\boldsymbol{0}$，系数是否全为 0，据此判断）

九、非齐次线性方程组$\begin{cases}x_1+2x_2-3x_3=13\\2x_1+3x_2+x_3=4\\3x_1-x_2+2x_3=-1\\x_1-x_2+3x_3=-8\end{cases}$的增广矩阵 $\widetilde{\boldsymbol{A}}$ 进行初等行变换可化为行阶梯形矩阵$\begin{pmatrix}1 & 0 & 0 & 2\\0 & 1 & 0 & 1\\0 & 0 & 1 & -3\\0 & 0 & 0 & 0\end{pmatrix}$，根据 $\widetilde{\boldsymbol{A}}$ 化简得到的行阶梯形矩阵求原方程组的通解$\boldsymbol{X}=\begin{pmatrix}x_1\\x_2\\x_3\end{pmatrix}$.

# 附录6　模 拟 题 2

一、填空题

1. 设非齐次线性方程组 $\boldsymbol{AX}=\boldsymbol{B}$，其中 $\boldsymbol{A}$ 为 $m\times n$ 矩阵，$\widetilde{\boldsymbol{A}}=(\boldsymbol{A},\boldsymbol{B})$ 为增广矩阵，$r(\boldsymbol{A})=r$，则方程组有解的充要条件是________.

2. 已知矩阵 $\boldsymbol{A}=\begin{pmatrix}1 & 1 & 1\\ 2 & 2 & 2\end{pmatrix}$，则 $\boldsymbol{A}^{\mathrm{T}}=\begin{pmatrix} & \\ & \end{pmatrix}$；向量 $\boldsymbol{\alpha}=(1,-1,0)$，则 $\boldsymbol{\alpha}^{\mathrm{T}}=$________.

3. 行列式 $\begin{vmatrix}-2 & -1\\ 3 & 1\end{vmatrix}=$__________，行列式 $\begin{vmatrix}1 & 2 & 5\\ 3 & 2 & 1\\ 4 & 0 & 2\end{vmatrix}=$__________.

4. 若 $\begin{vmatrix}1 & 0 & 2\\ x & 3 & 1\\ 4 & x & 5\end{vmatrix}$ 的代数余子式 $A_{12}=-1$，则代数余子式 $A_{21}=$__________.

5. 设行列式 $\begin{vmatrix}a & b & 0\\ -b & a & 0\\ -1 & 0 & 1\end{vmatrix}=0$，则 $a=$__________，$b=$__________.

6. 若齐次线性方程组 $\begin{cases}x_1+2x_1-2x_3=0\\ 2x-x_2+\lambda x_3=0\\ 3x_1+x_2-x_3=0\end{cases}$ 只有零解，则 $\lambda=$__________.

7. 若矩阵 $\boldsymbol{A}_{m\times n}$，$\boldsymbol{B}_{k\times j}$ 能进行乘法运算，则 $n$ ________ $k$，且乘积为________行________的矩阵.

8. 已知向量组 $\boldsymbol{\alpha}_1,\boldsymbol{\alpha}_2,\cdots\boldsymbol{\alpha}_m$，若存在不全为零的 $m$ 个 $k_i$ 使 $k_1\boldsymbol{\alpha}_1+k_2\boldsymbol{\alpha}_2+\cdots+k_m\boldsymbol{\alpha}_m=\boldsymbol{0}$，则该向量组线性________.

9. 若齐次线性方程组 $\boldsymbol{AX}=\boldsymbol{0}$ 的未知量个数为 $n$，系数矩阵 $\boldsymbol{A}$ 的秩 $r(\boldsymbol{A})=n$，则方程组有________解.

二、判断题(对的打“√”，错的打“×”)

1. 若 $\boldsymbol{A}$ 可逆，则 $\boldsymbol{A}^{-1}$ 是唯一的.　(　　)

2. 如果 $m$ 个方程 $n$ 个未知量的齐次线性方程组 $\boldsymbol{AX}=\boldsymbol{0}$ 有非零解，则 $r(\boldsymbol{A})=n$.　(　　)

3. 把矩阵 $\boldsymbol{A}$ 中某行的元素乘以一个不为零的数加到矩阵另一行对应元素上，会改变矩阵的秩.　(　　)

4. 对于矩阵 $\boldsymbol{A}$、$\boldsymbol{B}$，有 $(\boldsymbol{A}+\boldsymbol{B})^2=\boldsymbol{A}^2+2\boldsymbol{AB}+\boldsymbol{B}^2$.　(　　)

5. 任意非零矩阵都有逆矩阵. (  )

三、已知 $\boldsymbol{A}=\begin{pmatrix}1 & 2 & 3\\3 & 6 & 9\end{pmatrix}$，$\boldsymbol{B}=\begin{pmatrix}6 & 2 & 1\\2 & 3 & 4\end{pmatrix}$，$\boldsymbol{C}=\begin{pmatrix}3\\2\\1\end{pmatrix}$.

(1) 求 $2\boldsymbol{A}-3\boldsymbol{B}$；

(2) 求 $\boldsymbol{AC}$；

(3) 若 $\boldsymbol{A}+2\boldsymbol{X}=\boldsymbol{B}$，求 $\boldsymbol{X}$.

四、已知 $\boldsymbol{A}=\begin{pmatrix}2 & 5\\1 & 3\end{pmatrix}$，$\boldsymbol{B}=\begin{pmatrix}4 & -6\\2 & 1\end{pmatrix}$，$\boldsymbol{C}=\begin{pmatrix}-2 & 4\\2 & 1\end{pmatrix}$.

(1) 求 $\boldsymbol{A}^{-1}$ 和 $\boldsymbol{B}^{-1}$；

(2) 解矩阵方程 $\boldsymbol{AX}=\boldsymbol{B}$；$\boldsymbol{XA}=\boldsymbol{B}$.

五、已知向量 $\boldsymbol{\alpha}=(2, 3, 5)$，$\boldsymbol{\beta}=(2, 0, 1)$，$\boldsymbol{\gamma}=(0, -4, 2)$，求 $\boldsymbol{\alpha}+2\boldsymbol{\beta}-3\boldsymbol{\gamma}$.

六、用行初等变换法求矩阵 $\boldsymbol{A}=\begin{pmatrix}1 & -4 & -3\\1 & -5 & -3\\-1 & 6 & 4\end{pmatrix}$ 的逆矩阵 $\boldsymbol{A}^{-1}$.

七、设非齐次线性方程组 $\boldsymbol{AX}=\boldsymbol{B}$，对增广矩阵（$\boldsymbol{A}$，$\boldsymbol{B}$）施行初等行变换得$\begin{pmatrix}1&0&0&2\\0&1&1&0\\0&0&1&1\end{pmatrix}$.

（1）写出该变换结果对应的方程组；

（2）计算出方程组的解.

八、非齐次线性方程组$\begin{cases}3x_1+x_2-x_3+2x_4=7\\2x_1-2x_2+5x_3-7x_4=1\\-4x_1-4x_2+7x_3-11x_4=-13\end{cases}$的增广矩阵 $\widetilde{\boldsymbol{A}}$ 经一系列初等行变换之后变成为$\begin{pmatrix}1&0&\frac{3}{8}&-\frac{3}{8}&\frac{15}{8}\\0&1&-\frac{17}{8}&\frac{25}{8}&\frac{11}{8}\\0&0&0&0&0\end{pmatrix}$.

（1）写出原方程组$\begin{cases}3x_1+x_2-x_3+2x_4=7\\2x_1-2x_2+5x_3-7x_4=1\\-4x_1-4x_2+7x_3-11x_4=-13\end{cases}$对应的增广矩阵；

（2）求出方程组的通解 $\boldsymbol{X}=\begin{pmatrix}x_1\\x_2\\x_3\\x_4\end{pmatrix}$.

# 参考文献

[1] 刘丽瑶，陈承欢. 高等数学及其应用[M]. 北京：高等教育出版社，2015.
[2] 刘辉，丁胜，朱怀朝. 应用数学基础[M]. 北京：高等教育出版社，2018.
[3] 曾文斗，侯阔林. 高等数学[M]. 3 版. 北京：高等教育出版社，2015.
[4] 薛峰，潘劲松. 应用数学基础[M]. 北京：高等教育出版社，2020.
[5] 马兰. 高等应用数学[M]. 北京：北京理工大学出版社，2019.
[6] 卢刚. 线性代数中的典型例题分析与习题[M]. 3 版. 北京：高等教育出版社，2015.
[7] 同济大学数学系. 高等数学[M]. 7 版. 北京：高等教育出版社，2014.